给水排水管道非开挖修复施工指导丛书

喷涂修复法施工操作手册

孔 非 主编

北 京
冶 金 工 业 出 版 社
2025

内 容 提 要

本书介绍了喷涂法修复给水排水管道的工艺原理、操作流程、设备操作要求、人员管理要求、设备维修养护要求等内容，配以大量实物图片及设备组成讲解，并在设备操作说明中加入了操作过程记录要求、重要控制参数及设备维护保养等内容，强调了工艺设备操作流程化、标准化和规范化的“三化”要求。

本书可供广大管道非开挖修复及相关建设施工行业的从业人员阅读。

图书在版编目（CIP）数据

喷涂修复法施工操作手册 / 孔非主编. -- 北京 : 冶金工业出版社，2025. 4. --（给水排水管道非开挖修复施工指导丛书）. -- ISBN 978-7-5240-0134-8

Ⅰ. TU991.36-62

中国国家版本馆 CIP 数据核字第 2025671B6F 号

喷涂修复法施工操作手册

出版发行 冶金工业出版社 **电　　话** (010)64027926
地　　址 北京市东城区嵩祝院北巷 39 号 **邮　　编** 100009
网　　址 www. mip1953. com **电子信箱** service@ mip1953. com

责任编辑 曾　媛　赵缘园　美术编辑 彭子赫　版式设计 郑小利
责任校对 葛新霞　责任印制 禹　蕊
北京博海升彩色印刷有限公司印刷
2025 年 4 月第 1 版，2025 年 4 月第 1 次印刷
880mm×1230mm 1/32；4 印张；88 千字；111 页
定价 55. 00 元

投稿电话 (010)64027932 投稿信箱 tougao@cnmip. com. cn
营销中心电话 (010)64044283
冶金工业出版社天猫旗舰店 yjgycbs. tmall. com
（本书如有印装质量问题，本社营销中心负责退换）

主　　编：孔　非

副 主 编：陆学兴　陈　芳　赵红雷　刘志晨

编　　委：赵立兴　马少朋　宋晓东　王宝通
胡延坤　王畏微　赵　鑫

参编单位：北京北排建设有限公司
山西东腾新材料科技有限公司
北京非开挖行业协会

前　　言

城镇地下给水排水管网系统是城市的重要基础设施，地下管网能否正常运行，不仅事关人民群众的生命财产安全，也影响着城市的发展。

城镇地下管网漏损问题是世界性难题，而对由管网漏损导致的城市内涝、黑臭水体等“城市病”的治理更是城市管理者的重点工作。在习近平总书记提出的“节水优先、空间均衡、系统治理、两手发力”治水方略的指引下，坚持统筹发展，将城市作为有机生命体，根据建设海绵城市、韧性城市要求，因地制宜、因城施策，用统筹方式、系统方法解决城市内涝问题，提升城市防洪排涝能力，能够为维护人民群众生命财产安全、促进经济社会持续健康发展提供有力支撑。

改造易造成积水内涝问题的混错接雨污水管网、修复破损和功能失效的排水防涝设施，是系统建设城市排水防涝工程体系的重要举措。为了修复破损管网、保证地下管网设施的正常运行，国内管道修复行业在充分吸收国外技术的基础上，开发了多种非开挖管道修复技术。

非开挖技术具有开挖量小、环境影响小、施工速度快和费用低等优点，在城镇地下管网修复领域推广中具有得天独厚的条件。随着在地下管网修复领域的广泛应用，该技术也得到了不断创新和优化。

为了提升一线操作人员的技术水平，提升非开挖管道修复工程的施工质量，保障施工中的安全，北京北排建设有限公司选取了目前行业内较为常用的几种非开挖管道修复技术，编撰成本套“给水排水管道非开挖修复施工指导丛书”，以供行业内技术人员和设备操作人员培训与自学使用。

“给水排水管道非开挖修复施工指导丛书”现规划出版5册，分别为：《紫外光固化修复法施工操作手册》《机械制螺旋缠绕修复法施工操作手册》《热塑成型修复法施工操作手册》《喷涂修复法施工操作手册》《短管胀插修复法施工操作手册》等。

本册为《喷涂修复法施工操作手册》，介绍了喷涂修复法中水泥基材料喷涂和聚氨酯喷涂修复时用到的设备和材料，详细阐述了工艺要点，提出了设备保养与维修要求，列出了常见问题并给出了对应的处理措施。

鉴于时间仓促和编者水平所限，疏漏之处在所难免，望读者不吝赐教，及时将您的宝贵建议反馈给本书编委（联系人：陈芳，邮箱：bpjsjzb@163.com），以便再版时更正或补充，作者对此将不胜感激。

作　者

2024 年 11 月

目　录

1 绪 论

1.1 定义

喷涂修复法是指向管道内壁喷涂材料、形成以涂层为内衬的管道修复工艺。

按照喷涂材料的不同，在排水管道修复时，有以水泥为主的水泥基材料喷涂修复法和以聚氨酯材料为主的聚氨酯喷涂修复法。

如果将上述两种材料结合使用，就形成了复合内衬喷涂修复法。施工时，先将水泥砂浆喷涂到管道内表面，待砂浆终凝后再喷涂聚氨酯材料。

1.2 工艺原理

喷涂修复法作为一种高效的管道内壁修复工艺，其技术核心在于向受损管道内壁均匀喷涂修复材料，形成一层保护性或强化性的涂层。根据喷涂材料的不同，喷涂修复法主要包括水泥基材料喷涂修复法、聚氨酯喷涂修复法，以及将二者结合使用的复合内衬喷涂修复法，每种方法均以其独特的优势在管道修复项目中发挥关键作用。

1.2.1 水泥基材料喷涂修复法

根据喷涂方式的差异，水泥基材料喷涂修复法可分为机械离心喷涂法和人工喷涂法两大类。

机械离心喷涂法是指使用高速旋转的旋喷器，将搅拌均匀的水泥基材料均匀喷筑到待修复的基面上的方法。旋喷器产生的离心力使水泥基材料均匀甩到管道内壁上，机械离心喷涂法的工艺原理如图 1-1 所示。

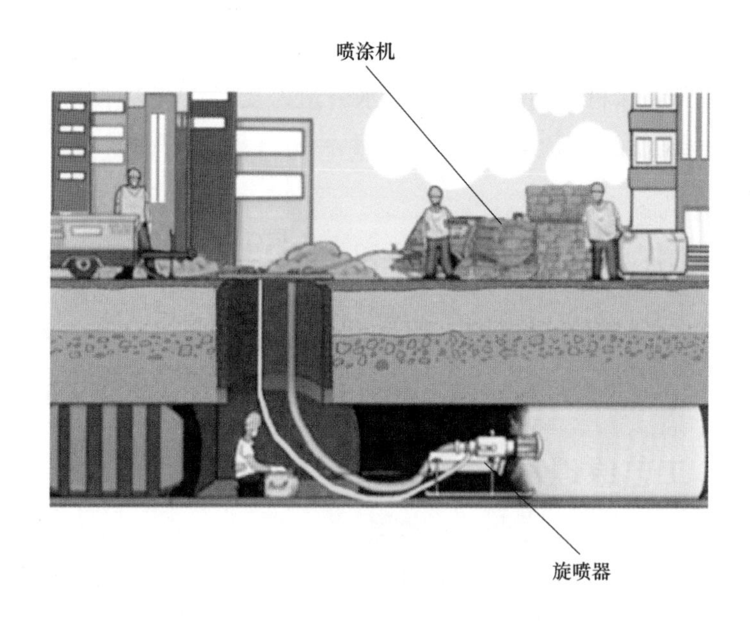

图 1-1 机械离心喷涂法工艺原理示意图

人工喷涂法是指操作人员手持喷枪进行喷涂，其工作原理是通过压缩空气将浆料均匀打散并喷涂至待修复的基面上，形成均匀、连续的覆盖涂层。人工喷涂法的工艺原理如图 1-2 所示。

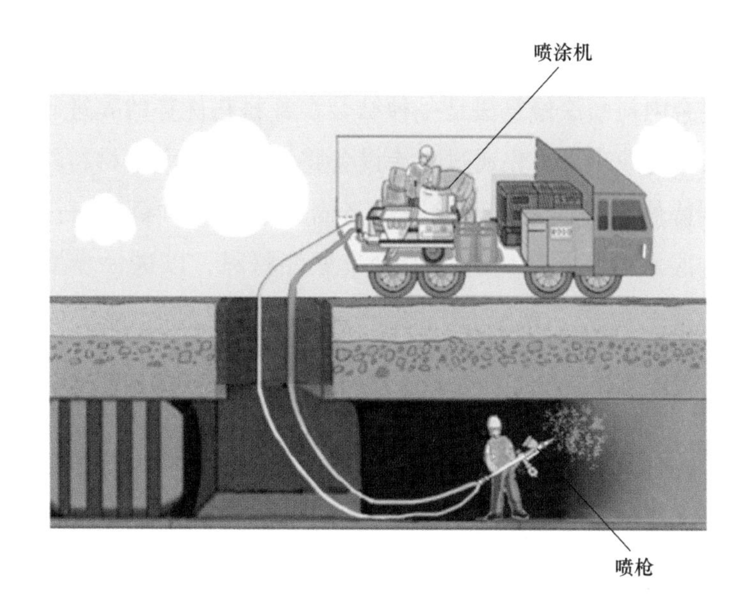

图 1-2 人工喷涂法工艺原理示意图

1.2.2 聚氨酯喷涂修复法

聚氨酯喷涂修复法采用压力输送原理，将聚氨酯双组分材料 A 与 B 按比例分别输送至喷涂主机的 A、B 料加热系统进行预热，通过输送管道分别压送到气压喷枪，在高温高压下，聚氨酯双组分材料在喷枪处高速撞击混合成雾化面，当雾化颗粒喷射到待修复基面上时迅速固化，形成具有强度和韧性的聚氨酯涂层。

聚氨酯喷涂修复法也可采用机械喷涂或人工喷涂方式施工，其工艺原理与水泥基材料喷涂修复法相同，如图 1-1 和图 1-2 所示。

1.2.3 复合内衬喷涂修复法

复合内衬喷涂修复法是一种结合多种材料优势的先进施工方法，其工艺原理为：先通过喷涂设备将高强度水泥基材料均匀地喷筑到待修复基面上，形成一层坚固的水泥基材料内衬；随后再在这层水泥基材料内衬上喷涂聚氨酯材料，以进一步增强修复层结构的耐磨、耐腐蚀等性能，复合内衬喷涂修复结构如图 1-3 所示。

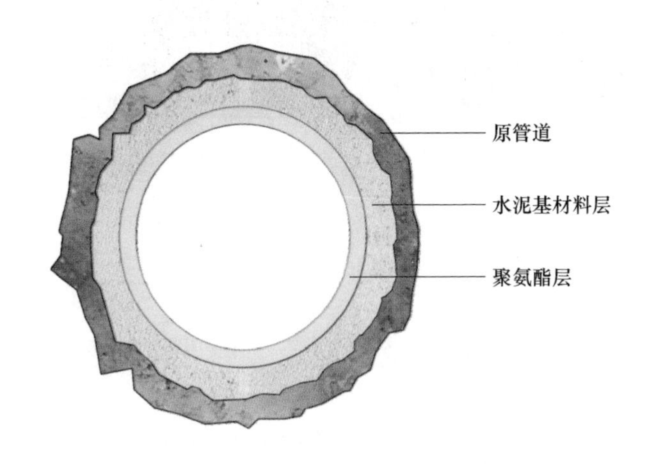

图 1-3　复合内衬喷涂修复结构示意图

这种复合结构不仅具有水泥基材料的强度和耐久性，还兼具聚氨酯的韧性和防水性，为管道修复提供了更加可靠和持久的解决方案。此外聚氨酯还具备表面光滑的特性，使得水流阻力小，提高了管道的运行效率。同时，它具备一定的结构性修复能力，可以有效恢复管道的完整性和稳定性。

1.3 工艺特点

每种喷涂修复法都具备其独特的特点和优势，可根据实际工程需求和条件选择最合适的喷涂方法进行基材修复和加固。

1.3.1 水泥基材料喷涂修复法

水泥基材料喷涂修复法具有以下工艺特点：

（1）水泥基材料具有强度高、抗渗性好的特性，可以增强原结构强度，并改善基材的耐用性；

（2）水泥基材料可以在潮湿基层上施工；

（3）水泥基材料具有早凝早强的特性，喷涂后固化迅速，修复工期短，对交通和其他设施的影响小；

（4）喷涂层连续无接缝，确保新旧管道间无缝衔接，材料均匀、密实。

1.3.2 聚氨酯喷涂修复法

聚氨酯喷涂修复法具有以下工艺特点：

（1）施工速度快，喷涂后 10 s 即凝结，3 ~ 10 min 内可实现完全固化，30 ~ 60 min 后可恢复设施使用；

（2）聚氨酯材料可修复金属管道；

（3）聚氨酯喷涂层与基层黏结强度高；

（4）聚氨酯材料施工完成后无有毒有害物质释放，没有二次污染；

（5）修复后的管道内壁完整、光滑，防渗、耐腐、抗磨损能力大大提高，可以延长管道使用寿命。

1.3.3 复合内衬喷涂修复法

复合内衬喷涂修复法具有以下工艺特点：

（1）结合多种材料优势，利用不同材料的特性，形成优势互补的复合内衬结构；

（2）修复层结构兼具强度和柔韧性，既拥有水泥基材料的强度与耐久性，又具备聚氨酯材料的韧性和防水性；

（3）通过多层喷涂，达到持久且可靠的基材保护。

1.4 适用范围

每种喷涂修复法都有其独特的适用范围，根据具体工程需求和条件选择合适的喷涂方法进行基材修复和加固是非常重要的。

无论采用什么喷涂材料，喷涂修复法适用于以下场合：

（1）非开挖条件下的管道及附属构筑物修复。

（2）各类断面形状的管道修复，包括圆形、蛋形、经圆角处理的矩形方涵等。

（3）混凝土、钢筋混凝土、砖石等材质的排水管道和检查井的修复。

（4）机械离心喷涂法适用于 DN300 ~ 3000 mm 的圆形管道及检查井的修复；人工喷涂适用于施工人员可进入的管道、检查井、各类箱涵等断面形式结构的修复。

考虑到喷涂材料的性能，在选择时可参考以下经验：

（1）水泥基材料喷涂修复法适用于钢筋混凝土排水管道和检

查井的常规性防腐、防水、孔洞、裂纹的局部加固性修复。

(2) 聚氨酯喷涂修复法适用于钢筋混凝土和金属管道的腐蚀、破裂、渗漏缺陷的加固性修复。

(3) 复合内衬喷涂修复法适用于对管道进行全面加固和防护的场合，特别适用于对管道强度、耐磨性、耐腐蚀性有较高要求的工程；适用于金属和圬工材料基面修复和加固工程，满足不同场合的需求；适用于需要长期稳定运行且对管道性能要求较高的场合，具有良好的密封性和耐久性。

1.5 相关规范

在施工中，关于喷涂修复法的技术要求可查阅以下规范：

(1) GB/T 37862《非开挖修复用塑料管道　总则》；

(2) CJJ/T 244《城镇给水管道非开挖修复更新工程技术规程》；

(3) T/CECS 602《给水排水管道内喷涂修复工程技术规程》；

(4) T/CECS 717《城镇排水管道非开挖修复工程施工及验收规程》。

2　设备与机具

喷涂修复法施工时用到的主要设备有动力设备、控制设备、喷涂设备、材料搅拌设备、材料输送设备及辅助设备等。

为了快速、安全地完成现场施工，北京北排建设有限公司将喷涂修复法所用的设备高度集成到了专业车辆上。根据用于不同材料喷涂施工，将施工设备分别组装为水泥基材料喷涂车和聚氨酯材料喷涂车。

2.1　水泥基材料喷涂修复法设备与机具

水泥基材料喷涂修复法施工设备及机具主要有发电机、空气压缩机、储气罐、水泥基材料喷涂机、卷扬吊臂机、高压清洗设备、旋喷器和喷枪等。水泥基材料喷涂车如图 2-1 所示。

水泥基材料喷涂车内设备布置如图 2-2 所示，主要包括发电机、空气压缩机、储气罐、水泥基材料喷涂机、配电柜，并在车厢内设置水泥基材料存放区。

2.1.1　发电机

发电机是为现场施工设备和机具提供电源的重要设备。水泥基材料喷涂设备选用的发电机功率一般为 50 kW。发电机如图 2-3 所示。

图 2-1 水泥基材料喷涂车

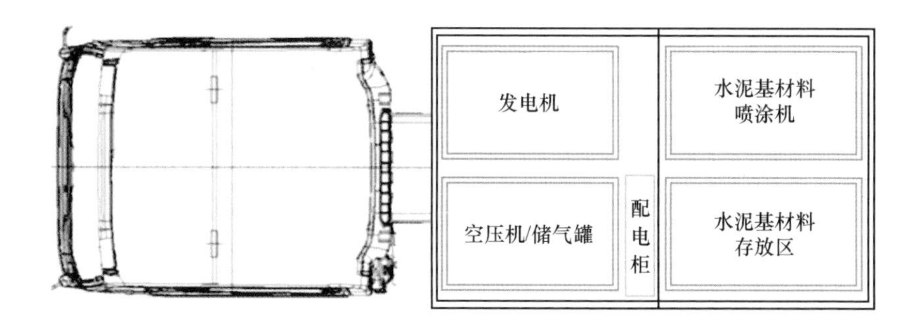

图 2-2 水泥基材料喷涂车布置图

图 2-3　发电机

2. 1. 2　空气压缩机及储气罐

水泥基材料喷涂修复法中使用的手持式喷枪和旋喷器通常采用气动式工具，施工时需配置空气压缩机为其提供压缩空气作为动力。空气压缩机的功率大小决定了旋喷器的转速和手持喷枪的喷射雾化面的效果，空气压缩机选用的型号应根据使用的气动工具来决定，一般最小功率不应低于 7. 5 kW。

储气罐在配套使用过程中的主要作用是存储空气压缩机产生的气体，确保供气连续稳定，减少使用时的气流波动。同时，可以通过储气罐进行空气的初步冷却和除水，提高压缩空气质量。储气罐还能平衡系统压力，减少空气压缩机频繁启停，保护设备并延长使用寿命。储气罐的最小使用容积不宜低于0.3 m^3。

如果水泥基材料喷涂设备选用电动旋喷器，则可不配置空气压缩机和储气罐。

空气压缩机如图2-4所示，空气压缩机配套储气罐如图2-5所示。

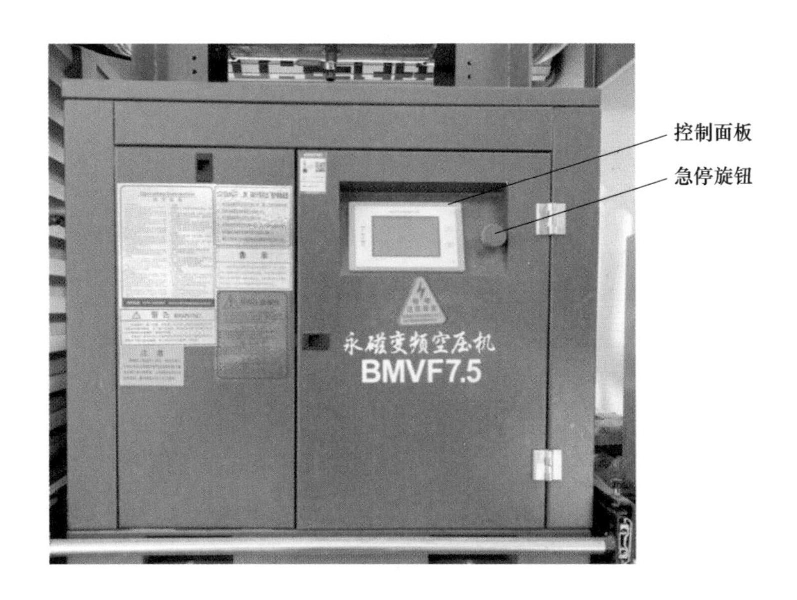

图2-4 空气压缩机

2.1.3 水泥基材料喷涂机

水泥基材料喷涂机是一种专门用于水泥基材料搅拌、泵送的设备。它将水泥基干粉材料和水按材料所需比例进行混合、搅拌，制备出施工所用的水泥基喷涂材料。

水泥基材料喷涂机是由多种设备组装而成，主要包括搅拌

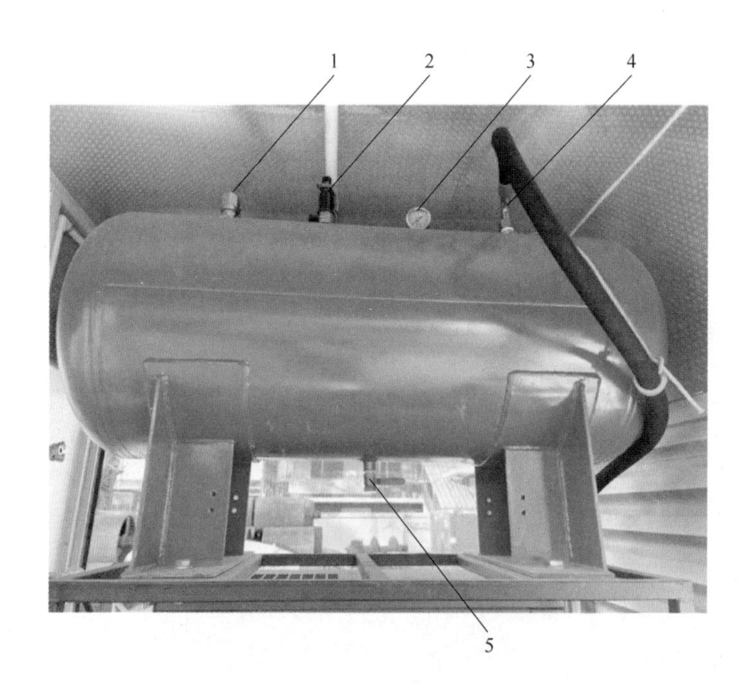

图 2-5　空气压缩机配套储气罐

1—出气管口；2—泄压阀；3—气压表；4—进气管口；5—排水口

器、泵送仓、泵送机、卷扬吊臂机、控制箱及电机等，如图 2-6 所示。

2.1.3.1　水泥基材料搅拌器

在水泥基材料喷涂机的上方，有一个圆形的材料搅拌器，其作用是将水泥基干粉材料和水按材料所需比例进行混合并搅拌。水泥基材料搅拌器如图 2-7 所示。

搅拌器顶部设有可开启式的顶盖格栅，格栅上有一排锯齿，工人将袋装的水泥基材料投放到搅拌器中时，这些锯齿能够直接

图 2-6 水泥基材料喷涂机

1—加水接口；2—泵送机控制面板；3—进气管接口；4—搅拌器电机及控制面板；
5—搅拌器；6—卷扬吊臂机电机；7—卷扬吊臂机；8—放料开关；9—气动开关；
10—压力表；11—出料管接口；12—泵送机；13—排水阀；
14—油水分离器；15—泵送仓

撕裂材料包装袋，使水泥基材料轻松通过格栅落入搅拌器中。格栅不仅起到支撑的作用，还能分散干粉水泥基材料，确保水泥基材料均匀地落入搅拌器中，避免水泥基材料在搅拌器内堆积。格

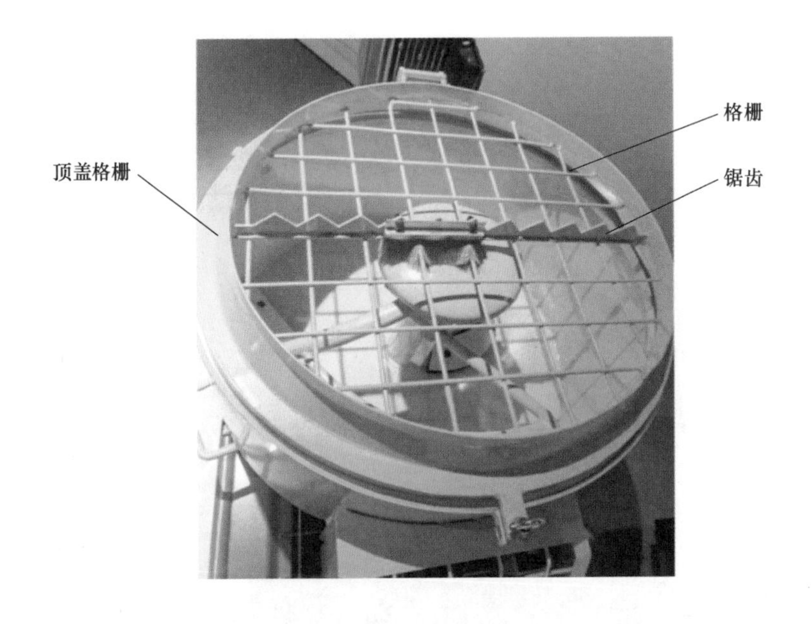

图 2-7 水泥基材料搅拌器

栅加锯齿的设计不仅提高了添加水泥基材料的工作效率，还减少了工人手动撕开包装袋的麻烦，也有助于提高设备的耐用性，延长使用寿命。

2.1.3.2 搅拌器电机

搅拌器侧面安装的驱动电机是搅拌器的动力源（图 2-6 中的 4）。电机上设置有控制搅拌器正转、反转的控制开关，以及搅拌器水泵开关。搅拌器电机控制开关如图 2-8 所示。

2.1.3.3 泵送仓

泵送仓位于搅拌器下方（图 2-6 中的 15），用于储存经搅拌器搅拌完成的水泥基材料，并通过泵送机的螺旋拨片将泵送仓内

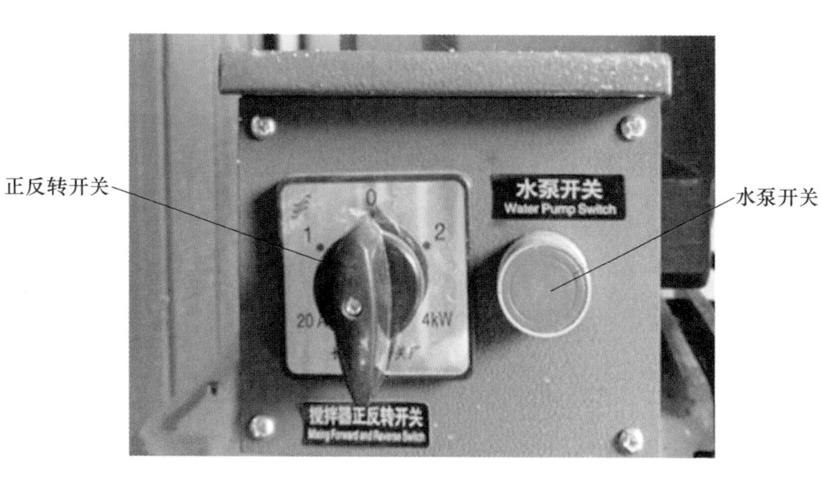

图 2-8 搅拌器电机控制开关

的水泥基材料输出。泵送仓内部如图 2-9 所示。

图 2-9 泵送仓

2.1.3.4 材料泵送机

水泥基材料泵送机如图2-10所示，用于将搅拌好的水泥基材料高效、稳定地由泵送仓挤压、输送至出料管。泵送机位于喷涂机下部，其控制箱位于搅拌器下方，泵送机螺旋拨片横穿过泵送仓，泵送机定子位于泵送仓右侧（图2-6中的12）。为了确保水泥基材料的质量和泵送效率，操作人员需要严格控制水泥基材料在泵送机内停留的时间尽量短，避免水泥基材料因长时间滞留而发生固结。

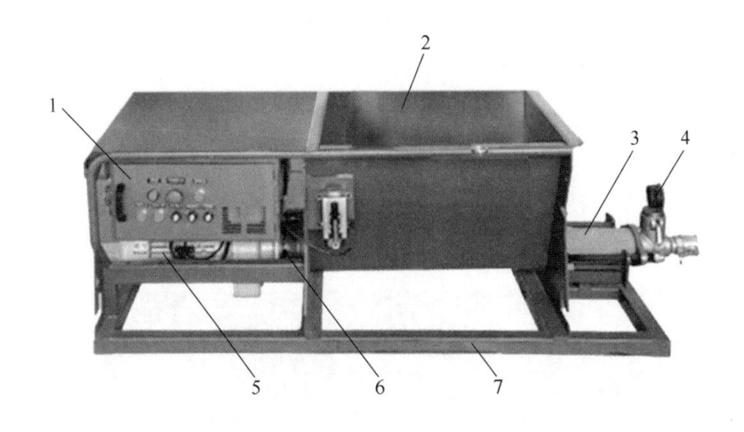

图2-10　泵送机

1—控制面板；2—泵送仓；3—泵送机定子；4—压力表；
5—电机；6—传动轴；7—底座

2.1.3.5 卷扬吊臂机

卷扬吊臂机是用于检查井喷涂施工时控制旋喷器升降的设备。卷扬吊臂机如图2-11所示。

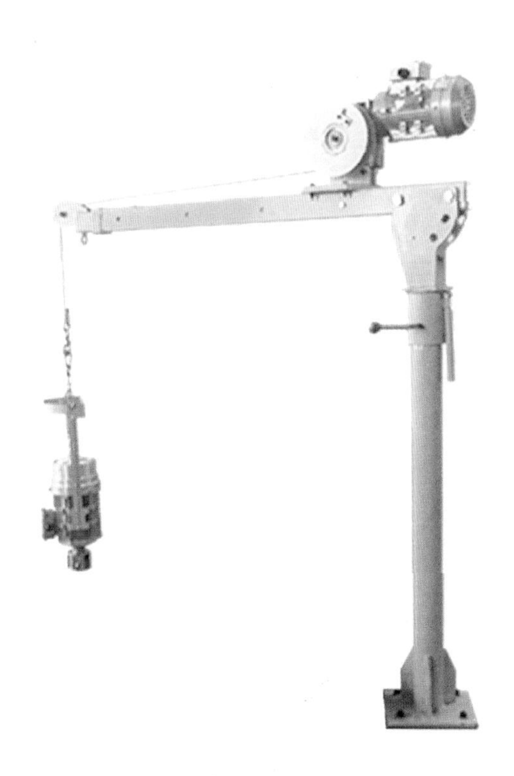

图 2-11 卷扬吊臂机

2.1.4 旋喷器和手持喷枪

旋喷器和手持喷枪用于将水泥基材料均匀喷筑到待修复基面上。旋喷器用于机械喷涂方式，手持喷枪用于人工喷涂方式。

2.1.4.1 旋喷器

旋喷器主要有电驱动和气驱动两种类型，都是利用高转速产生的离心力将水泥基材料喷涂到管壁或检查井内壁上。

A　气动旋喷器

空气驱动的旋喷器通常由进料管接口、进气管接口、气动马达、旋喷头等部分组成。气动旋喷器具有轻便、灵活、便携等优点，宜用于小规模加固和修补工程。气动旋喷器的结构如图 2-12 所示。

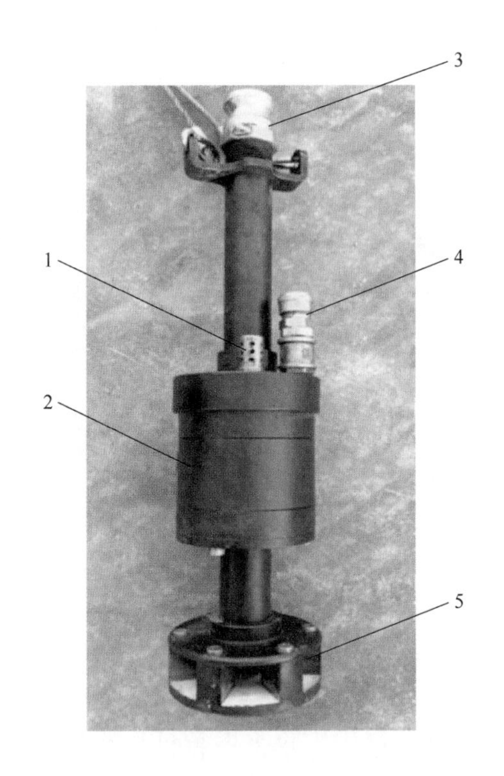

图 2-12　气动旋喷器

1—排气消声器；2—气动马达；3—进料管接口；4—进气管接口；5—旋喷头

B　电动旋喷器

电动旋喷器通常由进料管接口、电源接口、电动马达、旋喷头等部分组成。根据用途可以分为检查井使用和管道使用。电动旋喷器如图 2-13 和图 2-14 所示。

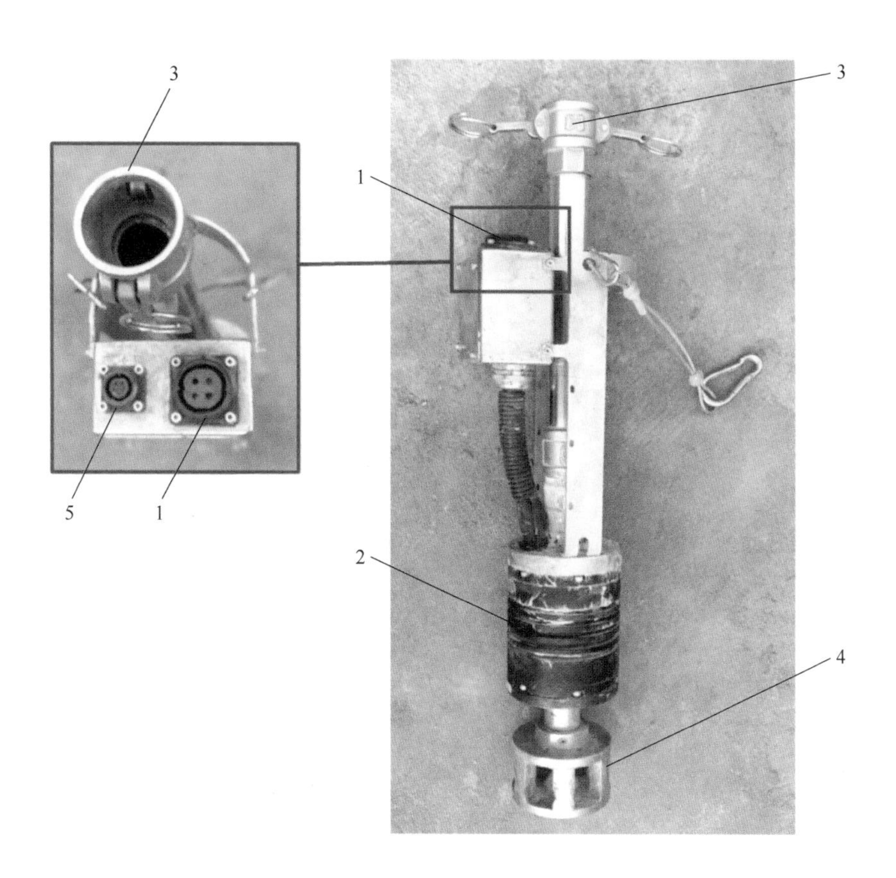

图 2-13 检查井电动旋喷器

1—电源线接口；2—电动马达；3—进料管接口；4—旋喷头；5—信号缆接口

与喷涂修复检查井的电动旋喷器相比，喷涂修复管道的电动旋喷器多了一个行走装置，用于在管道内部移动和定位旋喷器。行走装置通常可以调节长度和高度，以适应不同直径和长度的管道，确保水泥基材料能够均匀地喷筑到管道内壁上。管道电动旋喷器如图 2-14 所示。

图 2-14 管道电动旋喷器

1—电源线接口；2—进料管接口；3—信号缆接口；4—旋喷头；5—行走支架

2.1.4.2 手持喷枪

手持喷枪包括长柄和短柄两款，均为气动型，利用高压气流将水泥基材料均匀喷射至基材表面。手持喷枪如图 2-15 所示。

2.1.5 高压清洗机

高压清洗机能够高效地清除水泥基材料搅拌机、泵送机以及喷涂工具内部的残余水泥基材料，避免设备堵塞和故障，提高喷

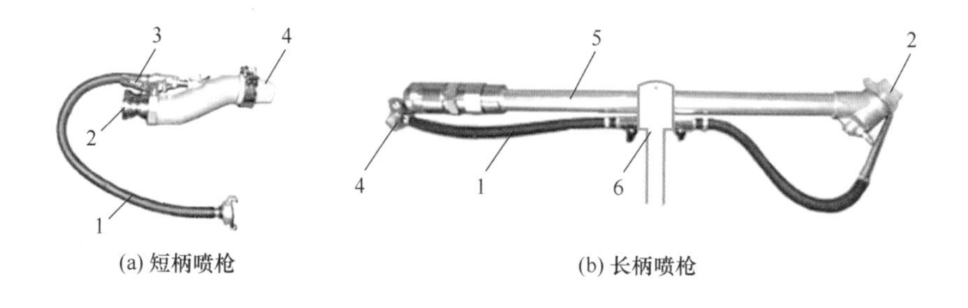

(a) 短柄喷枪　　(b) 长柄喷枪

图 2-15　手持喷枪

1—进气管；2—进料管接口；3—进气管开关；4—喷嘴；5—长杆；6—手柄

涂效率。同时，它还能够清洗喷涂基层表面，去除油污、灰尘等杂质，增强水泥基材料与基层的黏结力，提高喷涂质量。高压清洗机如图 2-16 所示。

图 2-16　高压清洗机

2.2 聚氨酯喷涂修复法设备与机具

聚氨酯喷涂修复施工需要使用的设备与机具包括：发电机、空气压缩机、聚氨酯喷涂机、烘干机、搅拌器以及辅助设备等。聚氨酯喷涂工程车如图 2-17 所示。

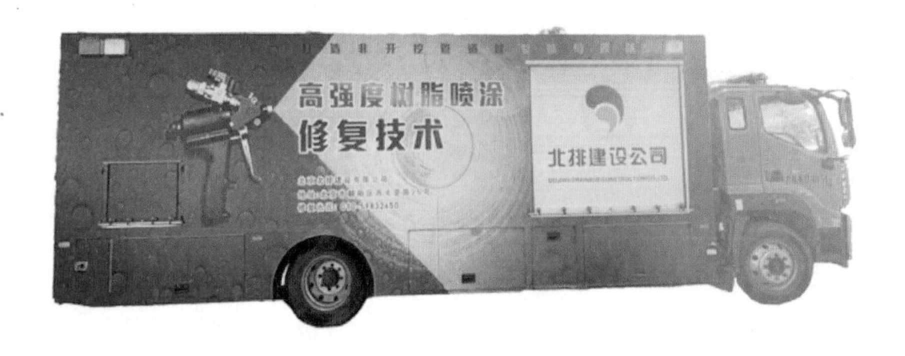

图 2-17 聚氨酯喷涂工程车

喷涂车厢内分为两部分，前半部分放置有发电机、空气压缩机、储气罐，后半部分放置有聚氨酯喷涂机、料桶、材料输送管以及相关辅助设备，喷涂车内的设备布置如图 2-18 所示。

2.2.1 动力设备

动力设备主要包括发电机及空气压缩机。

2.2.1.1 发电机

发电机用于为现场施工设备和机具提供电源。现场需要供电的设备包括：空气压缩机、聚氨酯喷涂机、烘干机等。

图 2-18 聚氨酯喷涂车内部布置

1—料桶；2—材料运输管卷轴；3—聚氨酯喷涂机；4—空气压缩机；5—发电机

发电机启动时要注意其功率应大于喷涂施工所用的各设备额定功率之和。发电机一般采用 50 kW 发电机，如图 2-19 所示。

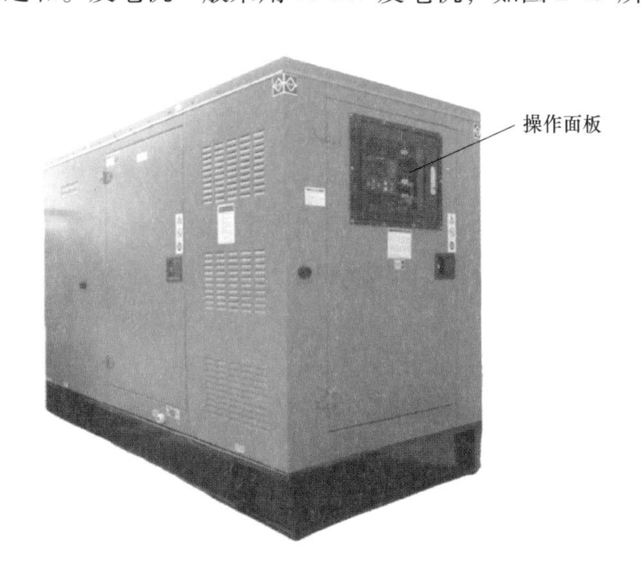

图 2-19 发电机组

2.2.1.2 空气压缩机及储气罐

空气压缩机如图 2-20 所示。空气压缩机主要为喷涂材料在喷涂主机与料桶间的内循环、输送以及喷涂作业提供动力。

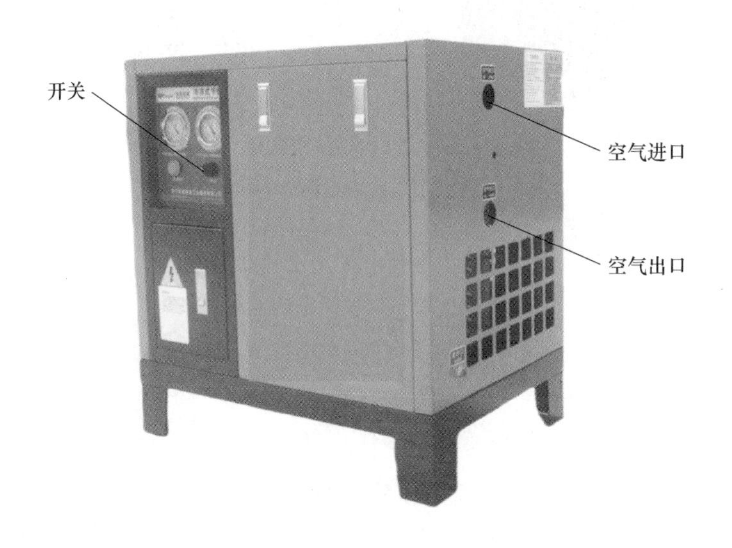

图 2-20 空气压缩机

储气罐如图 2-21 所示，用于暂时储存空气压缩机压缩产生的气体，再将压缩空气由输气管输送至 A、B 料桶以及喷枪处。储气罐上方的压力调节阀用于保持储气罐内的压力恒定，下方的泄水阀用于排出气体回流冷却所产生的冷凝水。

2.2.2 聚氨酯喷涂机

聚氨酯喷涂机是完成双组分聚氨酯材料的加热、循环、配料以及将材料加压输送至喷枪等工作。聚氨酯喷涂机如图 2-22 所示。该喷涂机为可变比喷涂设备，允许 A、B 料的体积配比范围

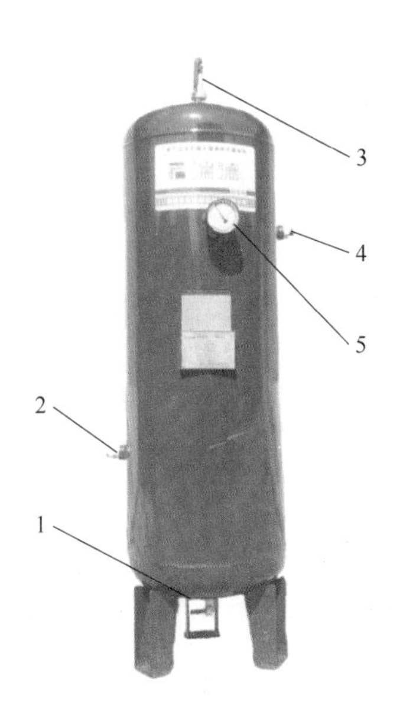

图 2-21 储气罐

1—泄水阀；2—出气口；3—压力调节阀；4—进气口；5—压力表

为0.4：1~1：1。

聚氨酯喷涂机主要由温度控制面板、压力控制面板、A 料加热系统、B 料加热系统、材料调配设备以及材料接入、输出接口等组成。其中控制面板上的显示屏能够显示的参数包括 A 料温度、B 料温度、管线输出温度以及压力，显示仪表包括 A、B 料压力表以及总压力表。喷涂主机显示屏下部中间位置有一红色按钮（图 2-22 中的 9），其作用为在紧急情况下令整个喷涂机立即制动停车，并且切断电源，使发电机立即停止工作以确保安全。

喷涂主机侧面如图 2-23 所示。喷涂主机电源总开关为一红色旋钮，位于机体侧面下半部分，打开开关后主机启动。喷涂主机

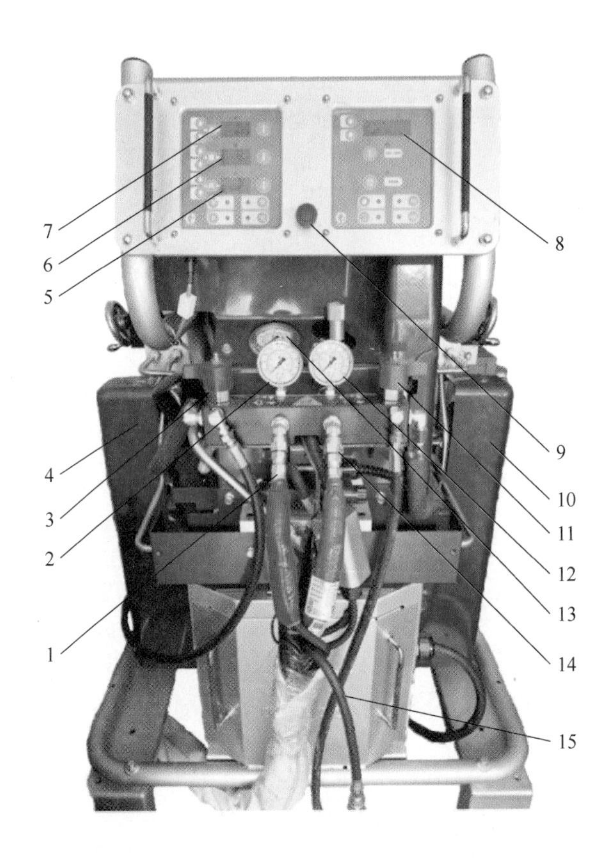

图 2-22 聚氨酯喷涂机

1—A 料出料管；2—A 料压力表；3—A 料加/泄压阀；4—A 料加热系统；5—管线输出温度显示屏；6—B 料温度显示屏；7—A 料温度显示屏；8—系统压力显示屏；9—紧急停车按钮；10—B 料加热系统；11—B 料加/泄压阀；12—B 料压力表；13—系统压力表；14—B 料出料管；15—输气管

侧后方有两个调节转轮（左右侧各一个），用于调节 A、B 料配比。

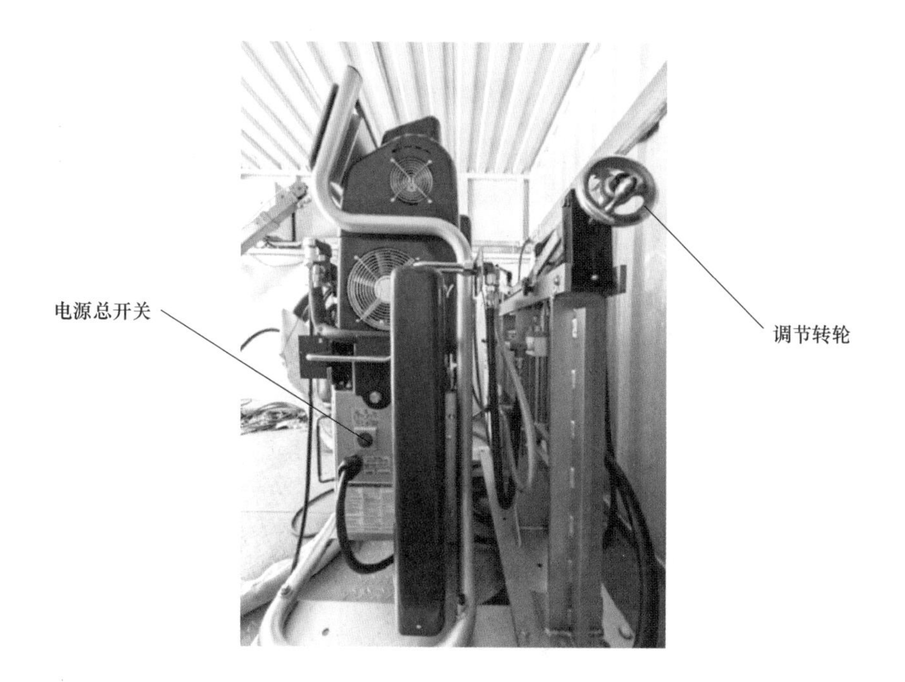

图 2-23 喷涂主机侧视图

喷涂主机背面如图 2-24 所示。在喷涂主机背面有两个比例尺，可以通过调节侧后方的调节转轮（图 2-23）改变比例尺刻度以达到更改 A、B 料配比的目的。

2.2.3 搅拌设备

搅拌设备用于搅拌聚氨酯 B 料桶内的材料，保持桶内材料均匀、流动性好。手持搅拌设备如图 2-25 所示。

2.2.4 进料泵

进料泵以空气压缩机提供的压缩空气为动力，将料桶内的聚

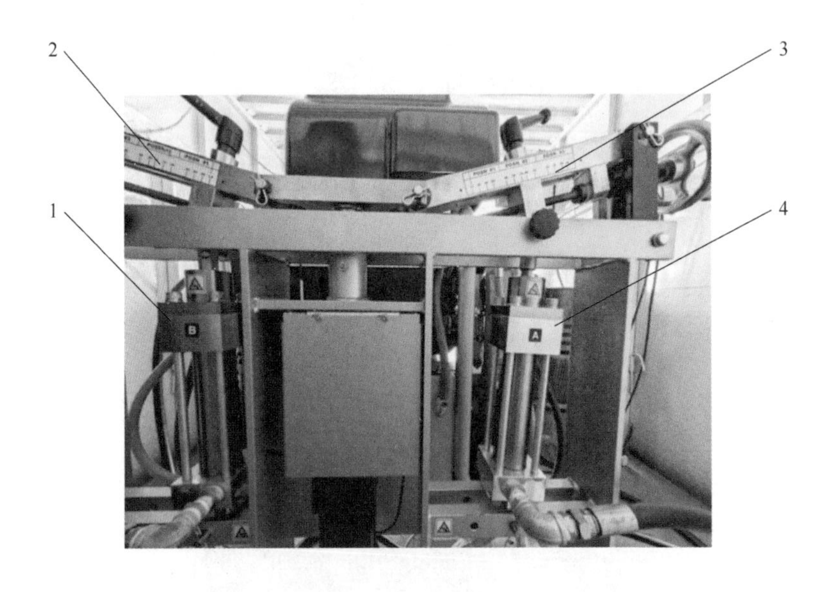

图 2-24 喷涂主机后视图

1—B 料比例泵；2—B 料配比调节比例尺；3—A 料配比调节比例尺；4—A 料比例泵

图 2-25 材料搅拌器

1—搅拌头；2—电源线；3—手柄；4—开关按钮；5—握把

氨酯材料提升、输送至喷涂主机。空气压缩机压缩的气体通过输气管为进料泵供气。A、B 料进料泵不得混用，设备第一次使用前需做标识。进料泵如图 2-26 所示。

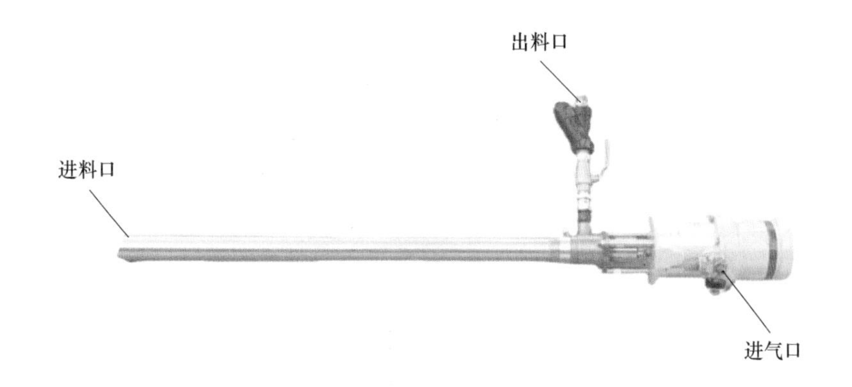

图 2-26 进料泵

2.2.5 喷枪

A、B 料以及压缩空气在喷枪混合室内混合，混合物由喷嘴均匀喷出至修复基面。喷枪由枪身、喷嘴、握把、扳机、混合室、A 料模块、B 料模块等组成。喷枪组成如图 2-27 所示。

2.2.6 料桶

双组分聚氨酯材料为桶装材料，分别存放于 A 料桶和 B 料桶内，使用前密封储存。A 料桶用于存放硬化剂材料，B 料桶用于存放树脂材料。料桶如图 2-28 所示。

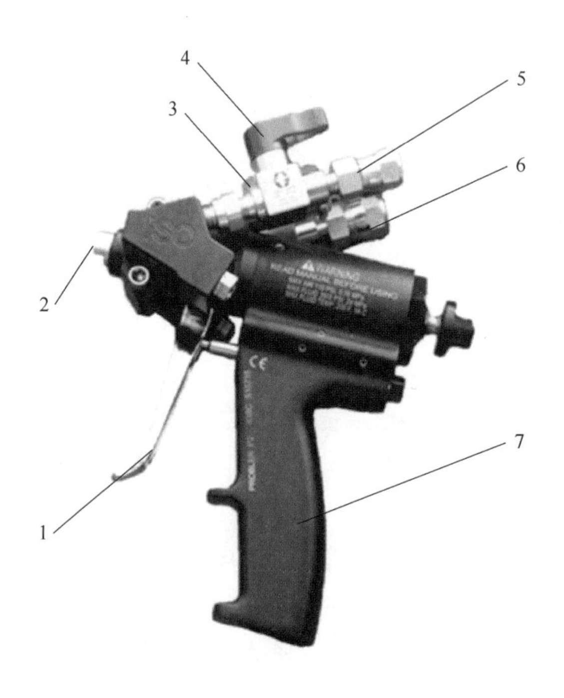

图 2-27　喷枪

1—扳机；2—喷嘴；3—B 料开关阀；4—A 料开关阀；
5—B 料进料口；6—A 料进料口；7—握把

2.2.7　材料运输管

材料运输管用于将 A、B 料由喷涂主机输送至喷枪。为了保护管道，将 A、B 料输送管以及为喷枪供气的气管捆绑成管束，管束外侧包裹可加热的保护套，对输料管进行保温。管束通常采用 15 m 或 3 m 两种长度，喷涂设备最大荷载能够接长度 118 m 的输料管。材料运输管束放置在喷涂车厢内的固定托架上。材料运输管束如图 2-29 所示。

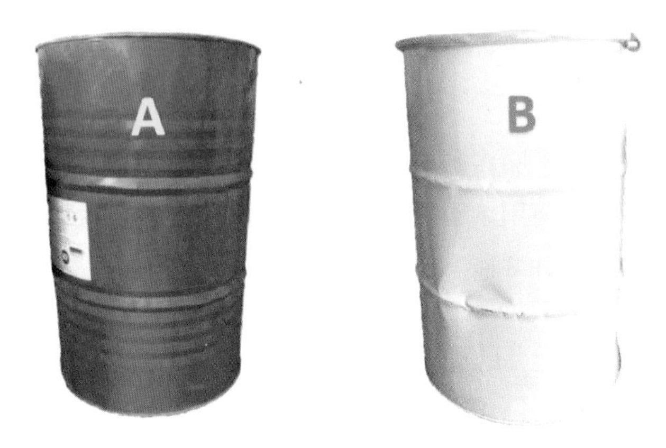

图 2-28 A、B 料桶示意图

图 2-29 材料运输管

2.2.8 辅助设备及工具

2.2.8.1 烘干机

在聚氨酯材料喷涂施工前为了保证作业环境温度及干燥度达到作业需求，需使用烘干机对井室、管道（渠）和喷涂基底表面进行烘干并且提升基面温度。烘干机如图2-30所示。

图2-30 烘干机

2.2.8.2 检测仪器

温湿度检测仪用于测量喷涂环境温度及湿度，如图2-31所示。基面干燥检测仪用于测量喷涂基面的干燥度，如图2-32所示。

厚度检测仪用于测量喷涂结构层的厚度，包含主机、耦合剂、探头及导线、校准块，如图2-33所示。

2.2.8.3 卷扬吊臂机

卷扬吊臂机安装在集成车厢尾部，如图2-34所示，主要用于喷涂材料在车厢内外垂直运输，减轻作业人员体力强度。

图 2-31 温湿度检测仪

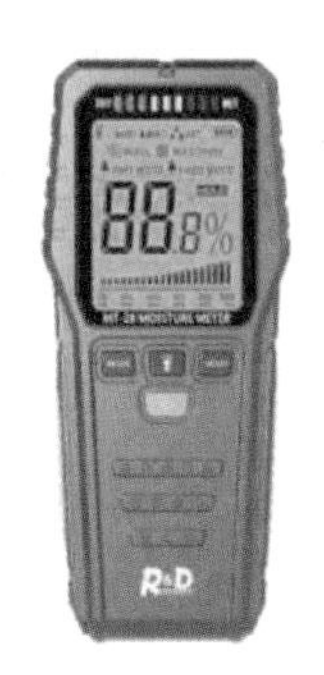

图 2-32 基面干燥检测仪

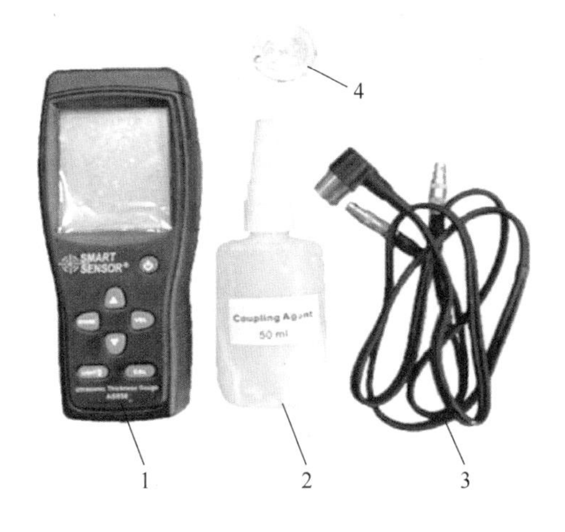

图 2-33 厚度检测仪

1—主机；2—耦合剂；3—探头及导线；4—校准块

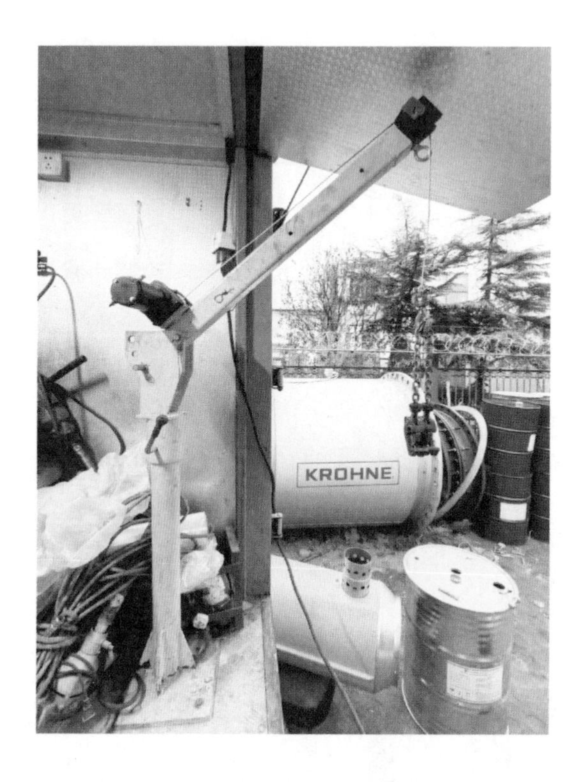

图 2-34　卷扬吊臂机

3 材　　料

3.1 主要原材料

3.1.1 水泥基材料喷涂修复法主要材料

水泥基材料采用的是高强度水泥基材料。其中的胶凝材料以普通硅酸盐水泥和硫铝酸盐水泥为主，骨料以石英砂为主，并含有细集料及纤维，添加有促凝剂、减水剂、增稠剂等外加剂。这些组分调配的水泥浆具有高强度、高黏结性等优异性能，能够满足各种高负荷工程的需求。其良好的涂抹性使得施工简便、效率高，同时又兼具耐磨和耐腐蚀的特性，大大提高了材料的使用寿命。

通过与适量的水进行混合搅拌，水泥基材料能够转变为一种易于喷涂、泵送的膏状物。内衬材料在泵送时展现出良好的流动性，确保了施工的顺畅。

3.1.2 聚氨酯喷涂修复法主要材料

聚氨酯喷涂材料是一种具有弯曲模量高、黏稠度大的高分子树脂材料，施工后无有毒有害物质释放，没有二次污染。

聚氨酯喷涂材料分为 A 组分和 B 组分，A 组分是异氰酸酯预聚物，通常称为固化剂，异氰酸酯是一类重要的有机化合物；B

组分由聚醚及聚酯多元醇树脂粉料、催化剂组成。材料使用前必须充分搅拌（A组分无需搅拌）、循环加热，以保证材料各组分混合均匀并具有良好的流动性，喷涂后发生化学反应，迅速固化，从而在管道内壁形成一定厚度的聚氨酯内衬。

3.2 材料储存及运输要求

3.2.1 水泥基材料的储存与运输

3.2.1.1 储存

（1）材料包装应明确标明产品的名称、编号、净重、使用说明、注意事项、生产厂家、生产地址、生产日期及保质期等信息，以便于识别和管理。

（2）为了确保水泥基材料的性能稳定性，应保持储存环境干燥、通风、阴凉。通常应将材料存放在库房内，底部采用铺设方木等措施进行防潮。袋装水泥基材料储存库房如图3-1所示。

（3）通常在符合规定的储存条件下，水泥基材料的保质期为6个月。

3.2.1.2 运输

在运输过程中，水泥基材料应避免受到雨淋或破损，运输时采用防雨布进行苫盖。

3.2.2 聚氨酯材料的储存与运输

3.2.2.1 储存

聚氨酯材料的储存应符合以下要求：

图 3-1 水泥基材料储存仓库

（1）材料包装容器应密封，容器表面应标明材料名称、生产厂名、重量及生产编号。

（2）喷涂材料应按生产厂商要求或推荐的温度进行运输和分类存放，存放的环境应干燥、通风，应避免暴晒、雨淋，并远离火源。

（3）材料桶严禁平放。达不到室内存放条件的，户外一定要有防晒和防雨措施，料桶底部采用铺设方木等措施防止料桶生锈。

（4）未使用的聚氨酯 B 组分材料，每存放 3 个月需要搅拌一次，B 组分材料搅拌均匀后充入氮气进行保存。喷涂作业后若材料未使用完，料桶与主机设备连接无需拆卸，但料筒内的余料需每周进行一次加热循环。

（5）聚氨酯材料存放温度最小应为 16 ℃，一般保质期为 6 ~

12 个月。

3.2.2.2 运输

聚氨酯材料的运输应符合以下要求：

（1）聚氨酯 A、B 料桶装车时应竖立放置在料桶托架上，并用捆绑带紧固，严禁料桶平放；

（2）材料桶运输前应将料桶托架用刹车绳紧固，确保无滑动、倾倒情况后方可运输。

3.3 余料处理

余料处理是施工过程中的重要环节，应建立余料管理制度，明确分类、标识、储存和处置流程，以减少对环境的负面影响。加强余料管理有助于保护环境、节约资源、降低成本，实现修复工程绿色施工和喷涂修复工艺的可持续发展。

对于过期或不再使用的库房材料以及施工完成后带回的余料，应整齐地放置在废料区，以便后续分类和处理。在处理余料时，需采取适当措施防止污染环境，确保余料区设置合理，有足够的空间容纳各种余料，并进行分类处理。对于可回收再利用的余料，应进行适当的清洁和整理，以便再次使用；对于不可回收的余料，应按照相关规定进行安全处理。

4 设 备 操 作

4.1 施工准备

4.1.1 现场作业条件要求

喷涂修复法现场作业时应符合以下要求：

（1）喷涂修复施工现场应采用封闭式管理，严格禁止无关人员进入现场。如果施工现场在市区道路、高速、环路等行车道上，施工时需按照当地交通管理部门批复的交通导行方案进行现场交通导行部署，并将施工区域封闭。

（2）在施工现场设置安全围栏，悬挂安全警示标识，确保施工现场的安全。

（3）进入有限空间作业必须严格按照有限空间作业操作规程进行，作业前认真检查各种仪器设备是否符合要求，发现问题及时处理，如果不具备有限空间作业条件，需停止作业。

（4）有限空间内气体检测合格后，施工人员方可佩戴安全防护用品进入有限空间内工作。气体检测结果不符合要求时，必须进行机械通风，直到气体检测合格后方可佩戴防护用品进入有限空间（应急救援时除外，应急救援时应佩戴隔绝式正压呼吸器进入）。

（5）现场通风导水的检查井口应有专人看护并使用围挡防护，围挡处应悬挂安全警示标志。

（6）现场施工临时用电必须符合施工现场临时用电规范的要求和公司关于施工现场临时用电的具体要求。

（7）施工期间做好施工区域环境保护，清除施工现场的杂物、灰尘、油污等，保证施工现场干净整洁。

4.1.2 设备检查与调试

喷涂修复法施工时应做好设备检查与调试，遵守以下规定：

（1）每日施工前，设备操作人员应检查喷涂设备是否齐全、完好，确保发电机、空气压缩机、喷涂机等设备运转正常，旋喷器、喷枪、输料管路等设备通畅。

（2）根据工程项目技术质量要求，对喷涂设备进行调制，确定设备相关运行参数，确保喷涂质量达到工程项目设计要求。

4.1.3 材料准备

喷涂修复法施工前材料准备时应注意以下事项：

（1）在工程施工前，对待修复的原管道或检查井进行准确的数据测量，包括待修复管道的内径、长度以及检查井的直径和埋深，这些数据是计算修复所需材料用量的基础。根据设计要求，精确计算喷涂材料用量并考虑材料损耗量，为修复施工提供充足的材料。

（2）施工开始前，由技术人员根据现场所需的材料重量从材料库房进行取用，保证材料取用量与计算出的需求量相匹配，避免材料不足或浪费。

（3）材料取用人员在领取材料时应仔细核对材料的名称、合格证、出厂日期，并检查材料是否存在损坏、受潮或硬化等问题，任何有问题的材料都不得使用。

（4）在材料取用或施工过程中发现材料出现问题，应当立即停止施工并及时将有问题的材料返回库房，联系材料厂商处置。

（5）聚氨酯材料运输到施工现场后，对桶装 A、B 料进行热风机加热，B 料呈现软化状态后搅拌均匀。当环境气温低于 10 ℃时，应采取加热带、暖风机同时对材料进行加热。

（6）聚氨酯材料喷涂施工前，技术人员应组织喷涂操作手对准备好的材料进行试喷，由现场技术主管人员进行外观质量评价并留样备查。外观质量达到技术要求后，可确定工艺参数并开始喷涂作业。

4.1.4 设备操作人员要求

从事喷涂修复法作业的操作人员应遵守以下规定：

（1）喷涂施工班组负责喷涂设备的操作使用和日常管理。设备操作人员认真执行设备管理的各项规章制度，严格按设备使用说明书进行操作，并完成设备维护、检查工作。

（2）禁止未经培训人员操作设备。设备操作人员经过培训，经考核合格后，才能单独操作设备。

（3）施工前需对车辆驾驶人员、设备操作人员、现场施工人员进行安全技术交底，明确喷涂工艺技术、质量及安全操作要求。每个班次工作开始前进行班前讲话，明确工作内容、强调安全注意事项和施工要求，确保人员了解并遵守相关规定。

（4）设备操作人员应熟练掌握并严格遵守设备的安全技术操作规程，严禁私自更改、简化操作流程。操作人员应对设备有一定紧急故障处理经验；出现故障及时排除，如遇排除不了的故障时，及时上报，联系专业维修人员处理、解决。

（5）设备操作人员在设备运行前检查设备是否完好，定期对设备进行检查与维修保养，并做好检查和维保记录。设备使用完毕，认真做好设备的清洁、检查等日常维护保养工作，以备下次使用。

4.2 设备操作必备的防护用品

设备操作人员施工前必须检查安全防护用品是否齐全、有效。安全防护用品见表4-1。

表4-1 安全防护用品表

序号	名称	规格/型号
1	送风管及长管呼吸器	AHK2-4
2	轴流机械风机	220 V/2.2 kW
3	正压式空气呼吸器	GRP111-145-68-30-1
4	泵吸复合式气体检测报警仪	QRAE3 PGM-2500
5	复合式气体检测报警仪	DS801
6	有限空间作业安全警示牌	—
7	有限空间作业信息告知牌	—
8	三脚架	SJY-10
9	全身式安全带	6012
10	专用安全绳	16～18 mm
11	安全帽	GB 2811—2007
12	反光背心	—
13	防砸鞋	BA-191
14	护目镜	3M10196
15	防护服	—
16	防护手套	—
17	防爆对讲机	—

4.3 水泥基材料喷涂修复法设备操作

4.3.1 施工设备操作流程

水泥基材料喷涂修复法施工设备操作流程如图 4-1 所示。

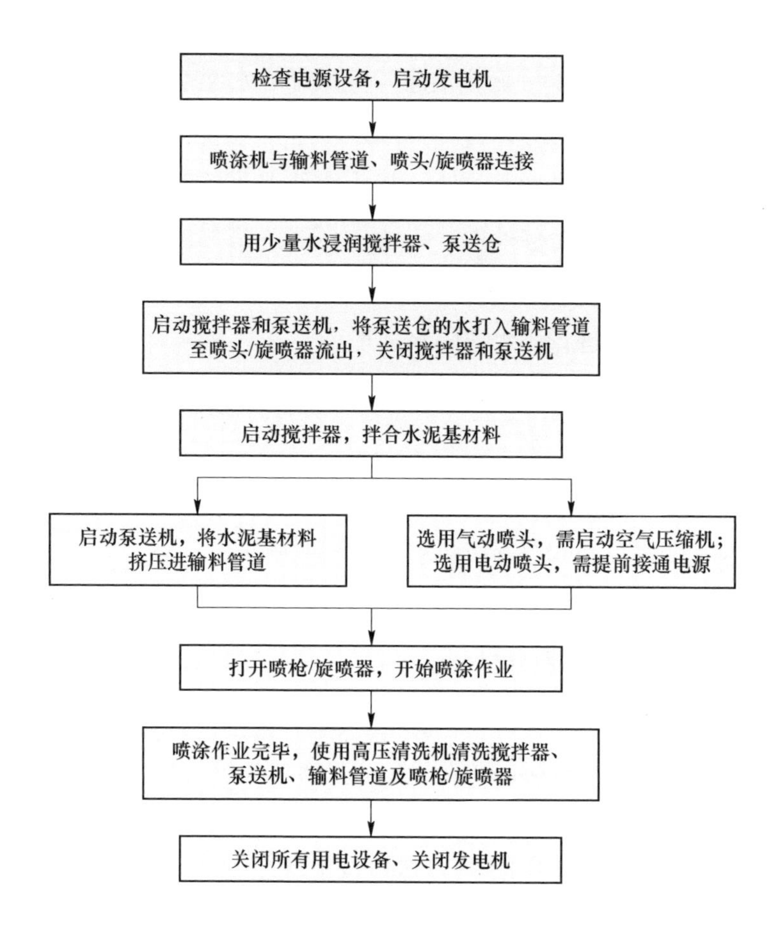

图 4-1 水泥基材料喷涂施工设备操作流程

4.3.2 预处理要求

在喷涂施工前，对待修复的管道或检查井进行预处理是保证喷涂修复工艺质量的重要环节。待修复的管道或检查井基面进行预处理应满足下列要求：

（1）待修复的管道内应无沉积物、垃圾及其他障碍物，不应有影响水泥基材料喷涂施工的积水和渗水现象。

（2）待修复结构表面应洁净，应无影响水泥基材料喷涂修复的松散附着物、油污等异物。

（3）管道变形或破坏严重、接头错位严重的部位，应按设计要求和施工方案进行预处理。

（4）原有管道地下水位较高，渗、漏水严重时，应通过注浆等措施对漏水点进行止水或隔水处理。

4.3.3 发电机操作

打开工程车后车门及发电机舱侧门，确保车厢内通风良好，避免因发电机过热导致发电机熄火而影响施工。

发电机操作控制面板如图 4-2 所示。

4.3.3.1 发电机启动

启动发电机组时，先将电源钥匙插入钥匙开关（图 4-2 中的 2）向右旋转接通发电机启动电源，面板显示屏（图 4-2 中的 4）亮起后，观察显示屏是否有故障报警，如无故障报警，则按压手动控制按钮（图 4-2 中的 6），然后按下绿色的启动按钮（图 4-2 中的 5），发电机组启动。待发电机运行平稳后，方可开启发电机供电总开关，开启用电设备负载。

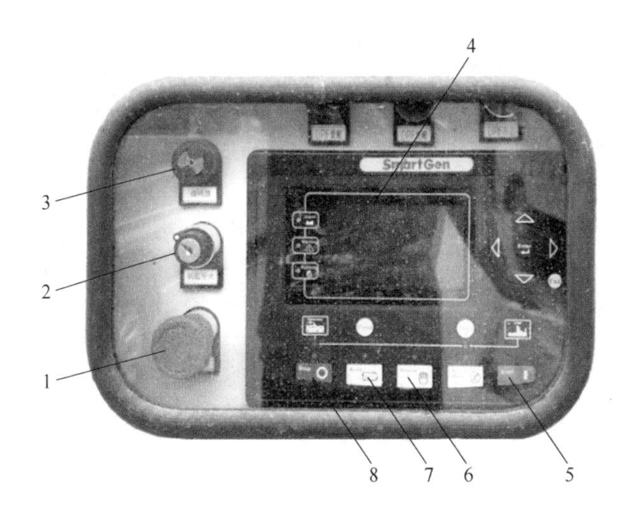

图4-2　发电机控制面板

1—急停按钮；2—钥匙开关；3—蜂鸣器；4—显示屏；

5—启动按钮；6—手动控制按钮；7—自动控制按钮；8—关机按钮

4.3.3.2　发电机停机

停止发电机时，先关闭所有用电设备荷载并关闭发电机供电电源的总开关，点按关机按钮（图4-2中的8），发电机自动切换至怠速运行，怠速运行60 s后，发电机组自动关闭，关闭后向左旋转电源钥匙（图4-2中的2），切断发电机启动电源。

禁止在带负载状态下将发电机供电通断开关切换到断开位置来停止发动机。

4.3.3.3　紧急停机

当出现突发情况时，直接按下急停按钮，强制停机，并迅速检查井下作业人员是否已离开有限空间。

4.3.4 空气压缩机操作

采用水泥基材料喷涂修复法施工时，如选用的旋喷器或喷头为气动型设备，现场需配置空气压缩机。空气压缩机应提前启动，储气罐的压力一般不低于0.8 MPa。空气压缩机显示面板如图4-3所示。

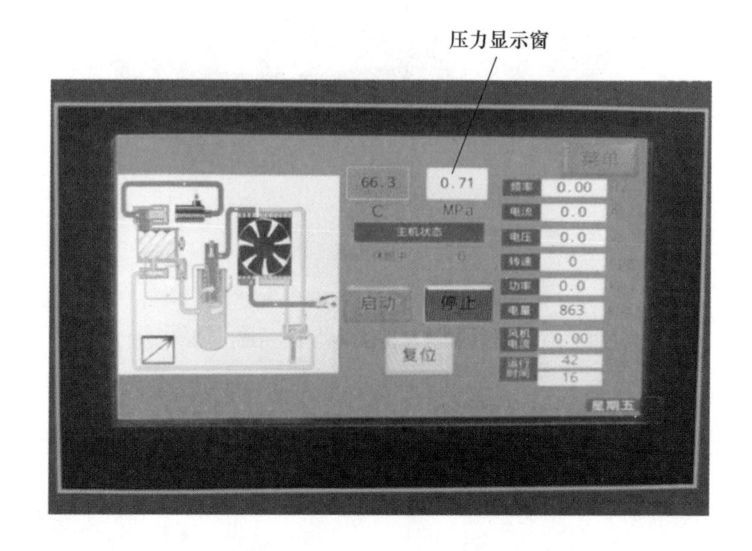

图4-3 空气压缩机显示面板

4.3.4.1 *启动空气压缩机*

打开配电箱内总空开，然后开启空气压缩机分空开，待空气压缩机显示面板亮起，显示面板无异常报警信息时表示空气压缩机正常。

确保空气压缩机与储气罐之间的控制阀门处于开启状态后，按下空气压缩机显示面板上的绿色“启动”按键，空气压缩机开始工作，操作人员观察面板显示屏上各项参数是否正常。

正常运行后，等待空气压缩机给储气罐充气，直至压力显示窗（图4-3中的压力显示窗）显示气压为0.8 MPa（空气压缩机设定充气气压上限为0.8 MPa），观察储气罐压力表示数为0.8 MPa，则表示供气系统运行正常。

4.3.4.2 关闭空气压缩机

关闭空气压缩机与储气罐之间的控制阀门，在卸载状态下冷却运行5 min。按下空气压缩机显示面板上的红色“停止”按键，关闭空气压缩机。

4.3.5 水泥基材料喷涂设备操作

4.3.5.1 材料搅拌前准备

使用洁净的水通过高压清洗机湿润搅拌器、水泥基泵送机、管道、旋喷器等设备。湿润完成后将搅拌器内残余水由放料口排放进泵送仓，打开泵送机排污开关，将水泥基材料泵内的水全部排净；管道内残余水也应当清理干净。湿润完成后将搅拌器及输料管内残余水排出。

4.3.5.2 材料搅拌器操作

水泥基材料搅拌器侧面有电机及控制操作面板（图2-6中的4），接通搅拌器电源，待搅拌器机身电源指示灯亮起。

A 加料及拌合

开启搅拌器前，关闭搅拌器出料口。先向搅拌器内加入少量水，湿润料斗底部。将干粉状的水泥基材料由搅拌器顶盖格栅（图2-7中的顶盖格栅）投入搅拌器（每次投料1包后，加水拌匀，再投放下一包，最多不超过 5 包）。

投料完毕后，用水量计作为参考加入适量的水。加水过程中，开启搅拌器。先将搅拌器正转（将正反转开关由“0”旋转至“1”），拌合时间大约 15 s，将开关旋转至“0”，随后立即将搅拌器反转（将正反转开关由“0”旋转至“2”），拌合时间大约 15 s。根据材料搅拌状态，重复上述搅拌过程，直至材料达到合适状态。

正、反转两个挡位切换时应由中间挡位缓慢过渡，不应切换太快。搅拌器正反转开关如图 4-4 所示。

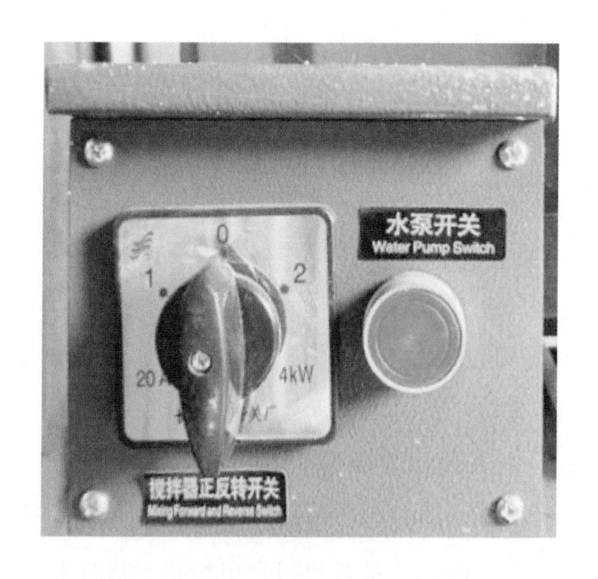

图 4-4　搅拌器正反转开关

0—停机；1—正转；2—反转

水泥基材料拌合过程中，边加水边搅拌，同时观察水泥基材料搅拌状态（拌合途中可停止搅拌器，用抹子感受水泥基材料状态)，待水泥基材料达到合适状态（状态类似牙膏的膏状水泥基材料）后，停止加水、搅拌。整个搅拌过程持续 3 ~5 min。

若水泥基材料没达到合适状态，则应按下面的方法处理：

(1) 水泥基材料过干，则继续加水搅拌，直至达到合适状态。

(2) 水泥基材料过稀，则继续加料搅拌，直至达到合适状态。

注意：一包水泥基材料料重 20 ~25 kg，一般掺入 3. 8 ~4. 2 L 的水。搅拌好的水泥基材料应在 15 min 内用完，以免水泥基材料凝结失效，堵塞设备及输料管道。

B 下料

水泥基材料搅拌完毕后，打开搅拌器的放料开关（图 2-6 中的 8)，同时将搅拌器正反转开关档位调至“1”位置，直至料斗内水泥基材料完全下料到泵送仓（图 2-6 中的 15)，将搅拌器正反转开关档位调至“0”。拌合后材料进入泵送仓如图 4-5 所示。

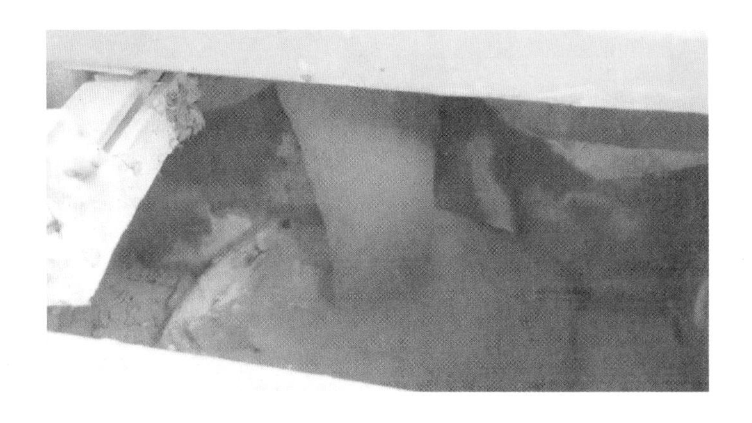

图 4-5 水泥基材料进入泵送仓

4.3.5.3 泵送机操作

A 输料管路系统连接

泵送机启动前，应确保泵送机、输料管、旋喷器/喷枪之间连接完毕、管路通畅。泵送机与输料管连接如图 4-6 所示，旋喷器输料管安装如图 4-7 所示。

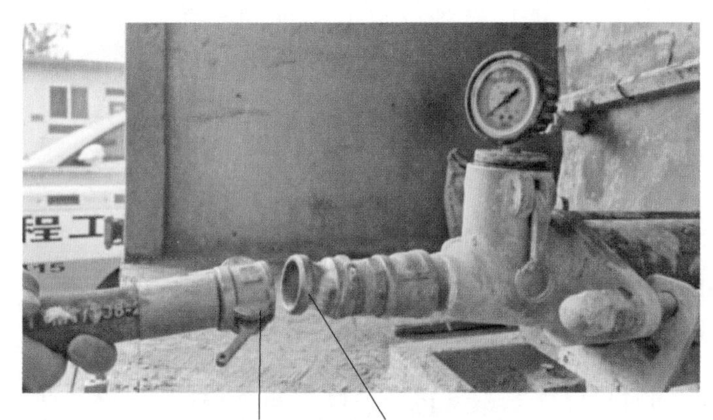

图 4-6 泵送机与输料管连接

B 泵送机启动

泵送机操作控制面板如图 4-8 所示。

在旋转喷头转动的同时，按下泵送机控制面板上的送浆正转按钮（图 4-8 中的 2），泵送仓中的泵送转子开始转动，此时开始送料。

泵送机转动后，用抹子拨动泵送仓内的水泥基材料，使水泥基材料完全盖住泵送转子上的螺旋拨片（图 2-9），避免泵送材料内引入空气，从而影响材料泵送效果。泵送机泵送水泥基材料如图 4-9 所示。

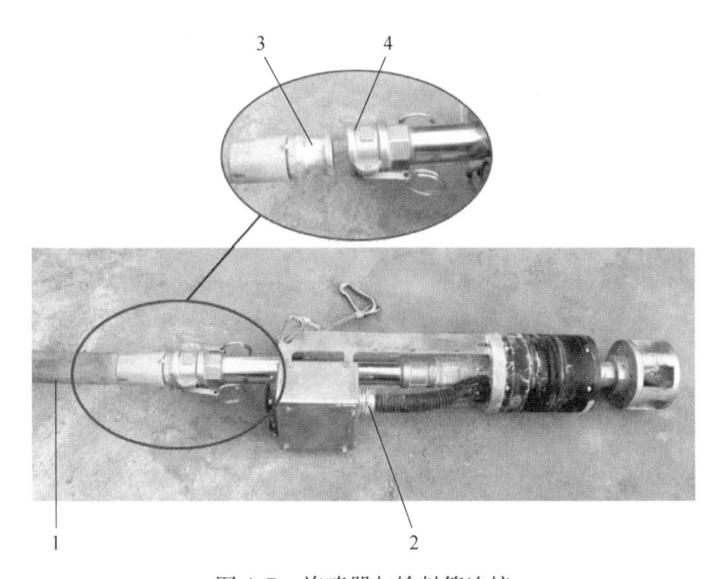

图 4-7 旋喷器与输料管连接

1—输料管；2—旋喷器；3—输料管接口；4—旋喷器进料接口

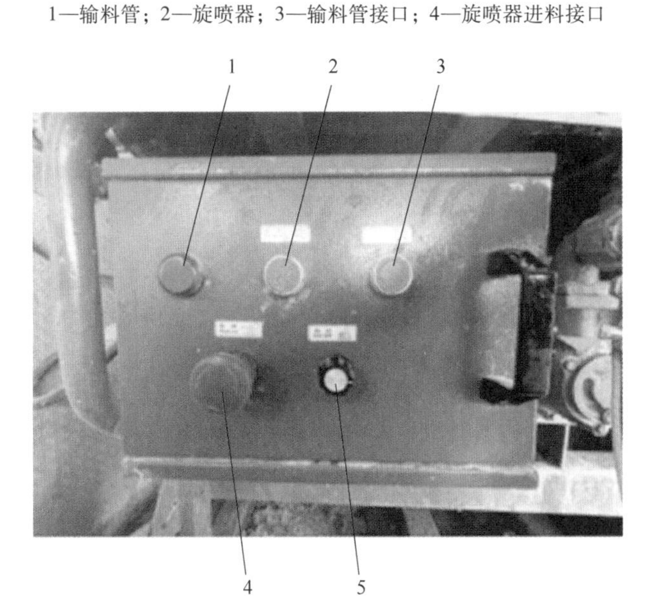

图 4-8 泵送机控制面板

1—电源指示灯；2—送浆正转按钮；3—送浆反转按钮；4—急停按钮；5—调速旋钮

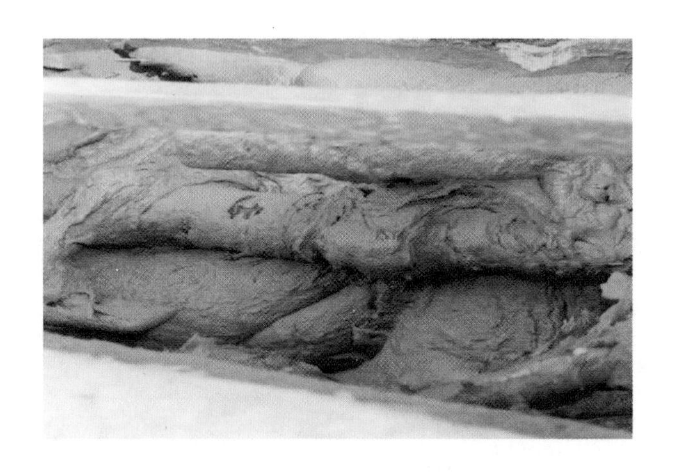

图 4-9 泵送水泥基材料

转子转动的工作原理是电动机带动泵轴转动时，螺旋状的转子每转动一圈，密封腔内的浆料向前推进一个轴距，随着转子的连续转动，浆料以螺旋的方式从一个密封腔压向另一个密封腔，挤出泵体内的浆料达到泵送的目的。

4.3.5.4 喷枪/旋喷器启动

根据旋喷器类型，接通旋喷器进气管或电源，开启供气阀门或供电电源，旋喷器启动。水泥基浆料通过输料管进入旋喷器，由旋喷头高速转动将水泥基材料喷射到管壁或检查井内壁上。

（1）检查井内壁喷涂施工时，观察旋转喷头出料情况，待喷头出料，立即用卷扬吊臂机升降控制手柄调整旋喷器位置，使旋转喷头在井内中心轴线位置均匀升降（施工过程中，卷扬吊臂机升降按钮应操作连续，不可间断）。检查井内旋喷器施工如

图 4-10 所示，卷扬吊臂机及控制手柄如图 4-11 所示。

图 4-10 检查井内旋喷器喷涂施工

（2）在管道中，可用设计好的喷涂支架，使喷头处于管道的中心轴线位置，将喷头放在支架上，然后用绳索牵引着喷头往返走，从而实现在管道内的喷涂。管道内旋喷器喷涂施工如图 4-12 所示。

（3）在箱涵或者比较大的污水池中喷涂时应选择人工喷涂的方式。人员手持喷枪在距离基面 50 ~ 80 cm 的距离进行喷射，喷射过程中为确保喷涂厚度均匀应采用十字交叉法进行喷涂，施工过程要匀速移动，每一次的喷射面要覆盖上一次喷射面的二分之一。人工喷涂施工如图 4-13 所示。

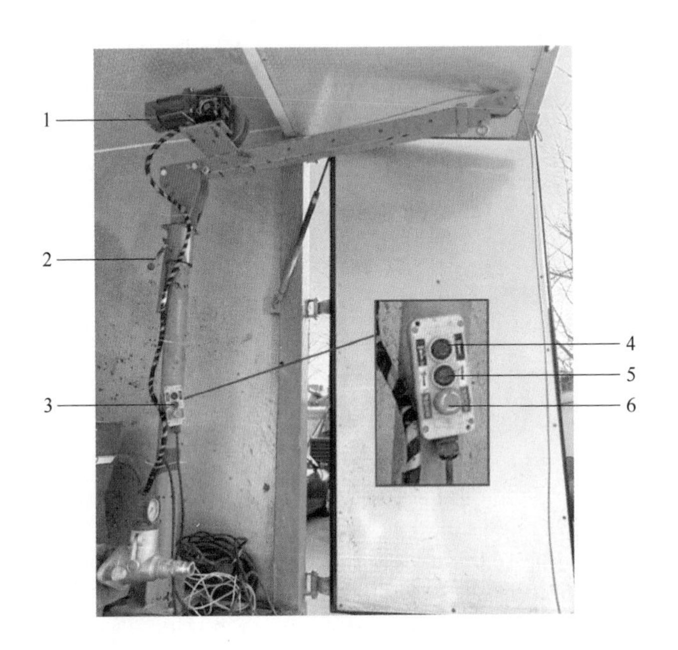

图 4-11 卷扬吊臂机及控制手柄

1—电机减速器一体机；2—摆臂刹车；3—升降控制手柄；
4—上行按钮；5—下行按钮；6—停止按钮

4.3.6 设备关闭及清洗

4.3.6.1 设备关闭

喷涂施工完毕后，先关闭泵送机控制面板上的送浆正转按钮（图 4-8 中的 2），停止送料。然后关闭搅拌器与旋转喷头之间的通气阀门，旋转喷头停止转动后，观察泵送机定子上的压力表（图 2-6 中的 10）指针是否在“0”刻度上，若不是，则表明料管内还有气压（禁止有气压时拆卸输料管），此时应按住泵送机上

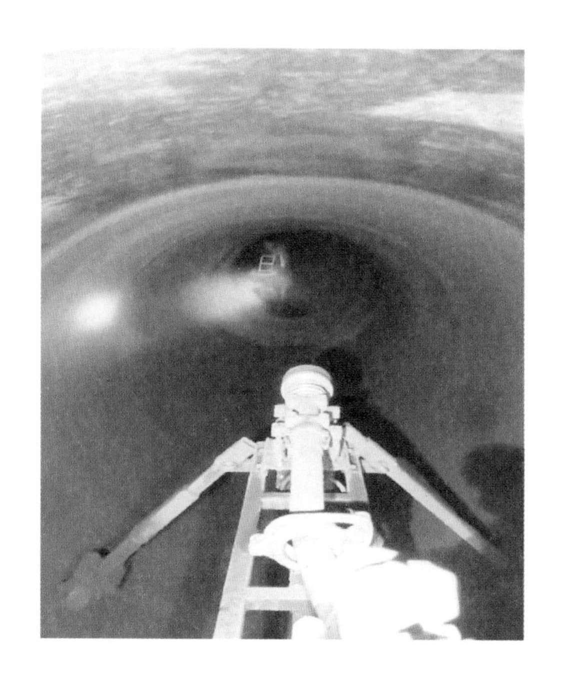

图4-12　管道内旋喷器喷涂施工

的反转按钮（图4-8中的3），直至压力表指针指为零后，才能拔下旋转喷头上的输料管。

4.3.6.2　设备清洗

喷涂施工完毕，管道、旋喷器拆卸后，立即使用高压清洗机清洗搅拌机、水泥基材料泵、管道、旋喷器等。

A　旋喷器清洗

输料管从旋喷器上取下后，先不要拔出气管，轻微开启通气阀门，使喷头低速旋转即可，再将喷头放到水桶中，用水枪冲

图 4-13　人工喷涂施工

洗。待旋喷头冲洗干净后，将通气阀门调大，甩掉旋转喷头上的水，擦拭干净后，将旋喷器放入工具盒中保存。旋喷器清洗如图 4-14 所示。

B　搅拌器清洗

清洗搅拌器上的料斗，使其表面清洁无残留，如图 4-15 所示。

C　泵送仓清洗

在清洗泵送仓时注意缝隙处不要有水泥基材料残留，当泵送仓内的水量过多时，按下泵送机上的正转按钮，同时将料管管口

图 4-14 旋喷器清洗

图 4-15 搅拌器清洗效果示意图

放在适合排放污水的位置，将积水排出。施工过程中和试机过程中，严禁设备空转，空转会磨损泵头的密封性，导致材料泵送无压力或者无法泵送，泵送机的密封性可通过在料斗内放水进行试验，如无漏水证明密封性良好。泵送仓清洗后的效果示意如图 4-16 所示。

图 4-16　泵送仓清洗效果示意图

D　输料管清洗

在输料管管口放入清洗棉球，接上输料管，开启泵送机正转，棉球会在泵压下，挤向输料管的另一端，以达到清洗输料管内壁的作用（放入棉球后，应立即用手护在输料管的出水端，以免清洗棉球喷出丢失），一般用棉球清洗 2 ~ 3 次即可。输料管清洗过程如图 4-17 所示。

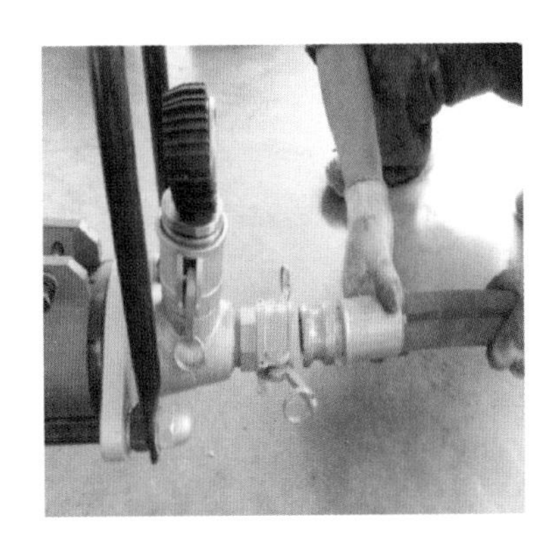

图 4-17 输料管清洗

E 清洗压力表接口

拆下泵送机定子连接的压力表（图 2-6 中的 10），用水枪清洗压力表接口处，确保接口处无水泥基材料残留。压力表接口清洗如图 4-18 所示。

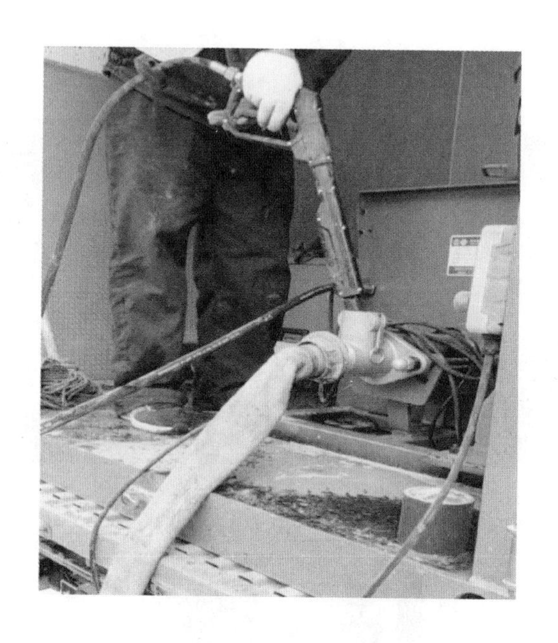

图 4-18 压力表接口清洗

4.4 聚氨酯喷涂修复法设备操作

聚氨酯喷涂修复法用于管道非开挖修复时，通常采用人工喷涂方式。

4.4.1 施工设备操作流程

聚氨酯喷涂修复法施工设备操作流程如图 4-19 所示。

4.4.2 预处理要求

（1）混凝土、砖石结构管道宜采用高压水射流进行清洗，清

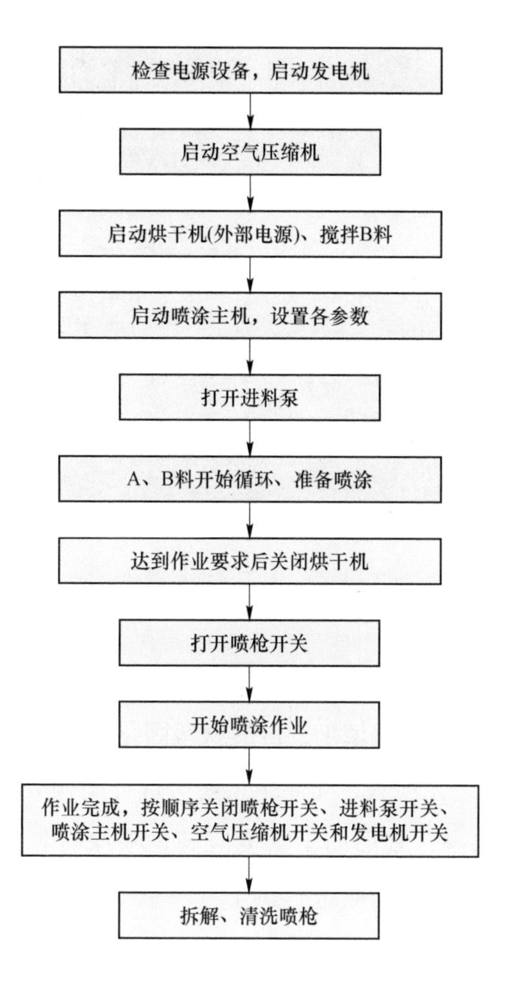

图 4-19　聚氨酯喷涂施工设备操作流程

洗后的基体表面应坚实、无松散附着物、污物；金属结构宜采用超高压溶剂水射流或喷砂处理，处理后的金属表面应无锈蚀。施工人员使用高压水枪对井内待修复基面进行清洗，如图 4-20 所示。

图 4-20 人工清洗检查井

（2）表面处理后暴露出的凹陷、孔洞和裂缝等缺陷，采用环氧树脂砂浆等嵌缝材料填平，嵌缝材料固化后应打磨平整。

（3）基面应无渗水，喷涂施工前应进行干燥处理，测量基面的干燥度/含水率，基面的干燥度应满足喷涂材料产品使用说明要求。使用烘干机对基底进行烘干（一般烘干温度≥30 ℃），基底干燥度检测合格后，方可进行喷涂。聚氨酯类材料喷涂前表面应光滑干燥无水、使用温湿度检测仪、基面干燥检测仪测量基面及环境应满足以下要求：环境相对湿度不高于 85%、基面温度不低于 5 ℃、环境温度不低于 15 ℃。

4.4.3 发电机操作

（1）发电机启动前主要检查柴油、机油及冷却液不低于设备使用标准；传感皮带无破损，无松动；油管无松动，发电机外观正常。

（2）打开发电机舱侧门，确保进风通道畅通，避免因发电机舱内环境过热导致发电机熄火而影响施工。

（3）发电机主控制面板如图4-21所示。启动发电机时，向右转动按钮4启动电源开关，接通发电机启动电源后，发电机显示器亮起，观察显示屏是否有故障报警，如无故障报警，则按下启动按钮7，发电机启动。待数据稳定后，将发电机电源总闸（按钮9）向上拨动闭合，接通整台设备电源。

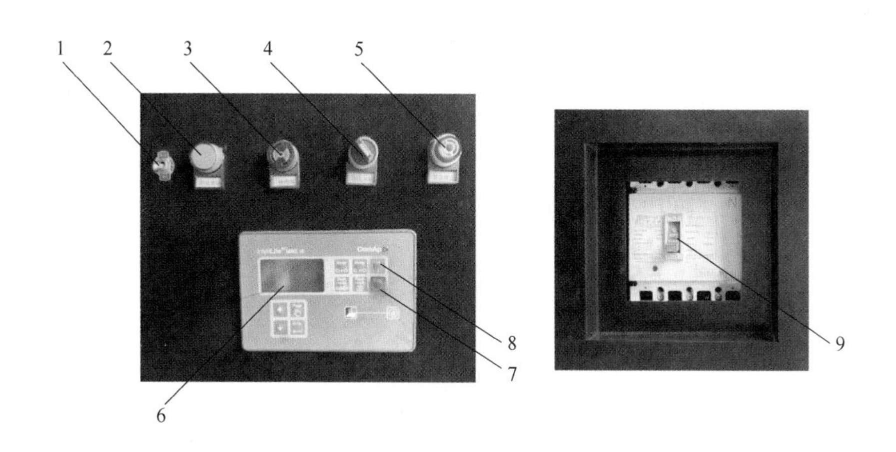

图4-21 发电机操作面板及电源总闸

1—排气口；2—电源指示灯；3—故障灯；4—电源开关；5—紧急断电开关；6—发电机显示屏；7—启动按钮；8—停机按钮；9—电源总闸

4.4.4 空气压缩机操作

启动发电机后，打开空气压缩机电源，确保空气压缩机与储气罐之间的控制阀处于开启状态后，旋转控制开关（图 2-20 中的开关），启动空气压缩机。空气压缩机面板显示正常运行后，等待空气压缩机给储气罐充气，直至气压为 0.8 MPa（空气压缩机设定充气气压上限为 0.8 MPa），观察压力表数值，显示 0.8 MPa 为正常。

4.4.5　烘干机操作

打开烘干机电源，启动烘干机对修复基面进行烘干，一般烘干时间约为 1 ~ 2 h。根据施工作业井室或管道内部湿度调整烘干时间。检测待喷涂表面干燥度满足作业要求后停止烘干，准备喷涂作业。烘干机烘干作业如图 4-22 所示。

图 4-22　烘干机烘干

4.4.6　搅拌材料（B 料）

启动发电机后，可以开始使用材料搅拌器搅拌 B 料，将底部沉积的材料搅拌均匀。将搅拌器插入 B 料桶内，一只手握住握把，另一只手抓紧手柄，然后打开开关按钮（图 2-25 中的 4），进行搅拌操作。根据材料使用要求，一般搅拌 10 min 以上，若环境温度较低，可适当增加搅拌时间。人工搅拌 B 料如图 4-23 所示。

图 4-23　B 料搅拌

4.4.7 进料泵安装

A、B 料桶分别安装一台进料泵，进料泵连接输料管和压缩空气管，黑色输料管连接料桶出料口与喷涂主机，蓝色运输管连接气体过滤器与进料泵进气口，如图 4-24 所示。进入进料泵的压缩空气需经气体过滤器（图 4-24 中的 1）过滤掉水分、油脂等杂质，确保进入进料泵的气体洁净。

当 A、B 料进行循环加热时，喷涂机加热系统内的材料由回料管经料桶上的回料口（图 4-24 中的 3）输送至回料桶。

图 4-24　进料泵安装

1—气体过滤器；2—压缩空气管；3—回料口；4—料桶；5—进料泵；6—输料管；7—进料泵插入口

4.4.8 喷枪组装及管路连接

A 喷枪组装

喷枪安装主要由以下步骤组成：

（1）在枪身后段的主轴上安装混合室，如图 4-25(a) 所示；

（2）在枪身前段安装气阀门，如图 4-25(b) 所示；

（3）将枪身前、后两部分组装，如图 4-25(c) 所示；

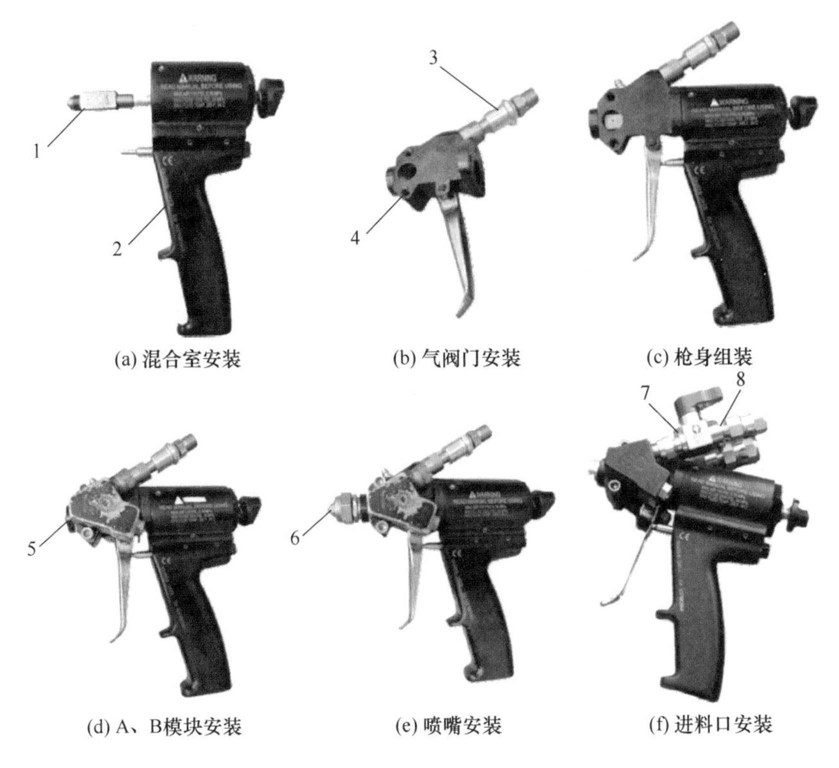

图 4-25 喷枪安装步骤图

1—混合室；2—枪身后段；3—气阀门；4—枪身前段；5—A 模块（B 模块在另一侧）；6—喷嘴；7—B 料进料口；8—A 料进料口

（4）在枪身前段安装 A、B 模块，如图 4-25(d) 所示；

（5）在枪身前端安装喷嘴，如图 4-25(e) 所示；

（6）在 A、B 模块上分别安装 A、B 料进料口，如图 4-25(f) 所示。

B 喷枪与管路连接

喷枪与管路连接如图 4-26 所示。将 A、B 输料管（图 4-26 中的 6 和 5）、压缩空气管（图 4-26 中的 4）分别与喷枪 A、B 模块组件上的进料口和枪身进气口用螺栓连接，在喷涂作业前打开 A、B 模块组件上的开关阀（图 4-26 中的 3 和 2）。

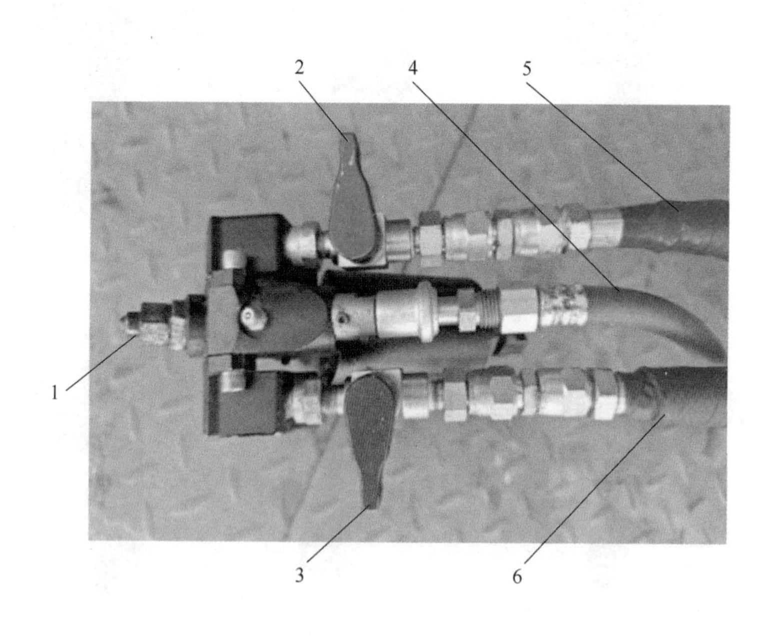

图 4-26 喷枪与管路连接

1—喷嘴；2—B 料开关阀；3—A 料开关阀；4—压缩空气管；

5—B 料输料管；6—A 料输料管

4.4.9 调节喷涂材料配比

聚氨酯喷涂机按材料体积比进行材料配比。施工前须认真阅读厂家提供的聚氨酯喷涂材料说明，确定A料与B料的体积比。根据设备适用的A、B料体积比区间，可通过调节设备部件，使聚氨酯出料满足使用要求。用于调节喷涂材料配比的各部件如图4-27所示。

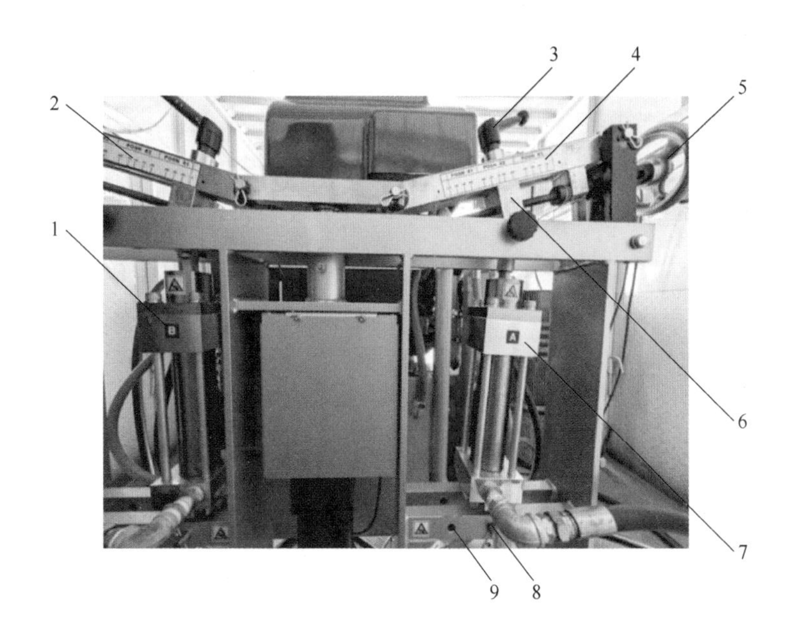

图4-27 喷涂材料配比调节设备

1—B料比例泵；2—B料配比调节比例尺；3—调节转轮开关；
4—A料配比调节比例尺；5—调节转轮；6—A料调节模块；
7—A料比例泵；8—插销；9—位孔

聚氨酯材料配比调节主要包括以下步骤：

（1）按照材料配比需要选择A、B料比例泵的位置，在比例泵下方有三个位孔（图4-27中的9和图4-28），包含配比为1∶1至1∶0.4区间，用插销（图4-27中的8和图4-28）插入所需配比区间的位孔，使得比例泵处于所需配比区间的位置上。

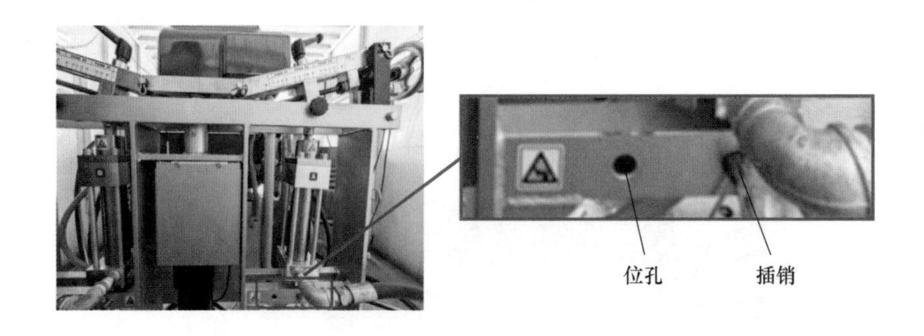

图4-28　比例泵位置调节

（2）拧松调节转轮开关至打开状态（图4-27中的3和图4-29）。

（3）调节精确比例，如图4-30所示。A、B料的配比调节比例尺上包含1～0.4区间，旋转调节转轮（图4-27中的5和图4-30）控制转轴改变配比调节比例尺下方的调节模块（图4-27中的6和图4-30）至比例尺上对应所需精确配比的位置。

（4）完成配比调节，将调节转轮开关关闭。配比调节完成后，如不更改A、B料配比，则每次施工前无需再次进行调节。

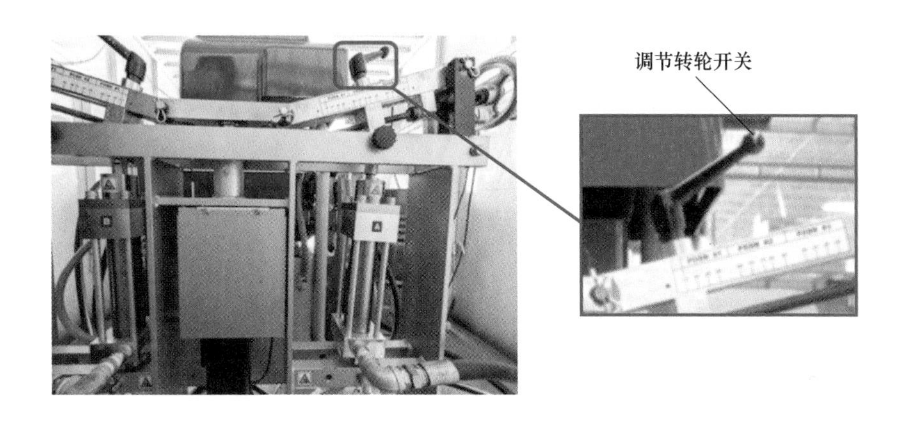

图 4-29　打开调节转轮开关

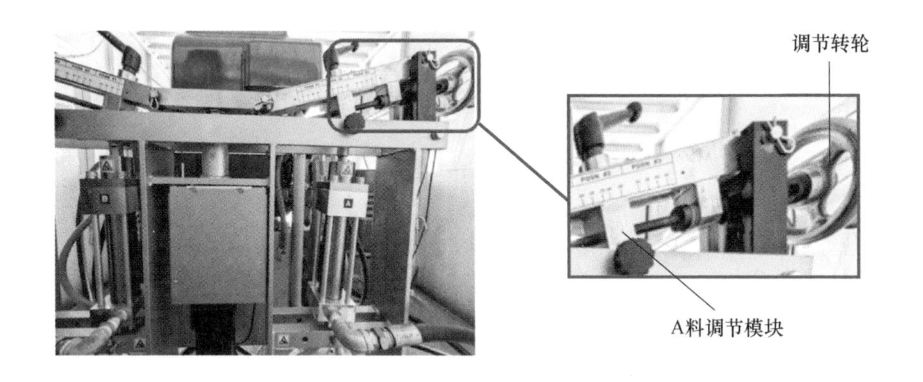

图 4-30　调节精确比例

4.4.10　聚氨酯喷涂机操作

4.4.10.1　启动聚氨酯喷涂机

喷涂主机总控制开关位于机身侧方，如图 4-31 所示。顺时针旋转红色开关至“ON”位置，接通电源。

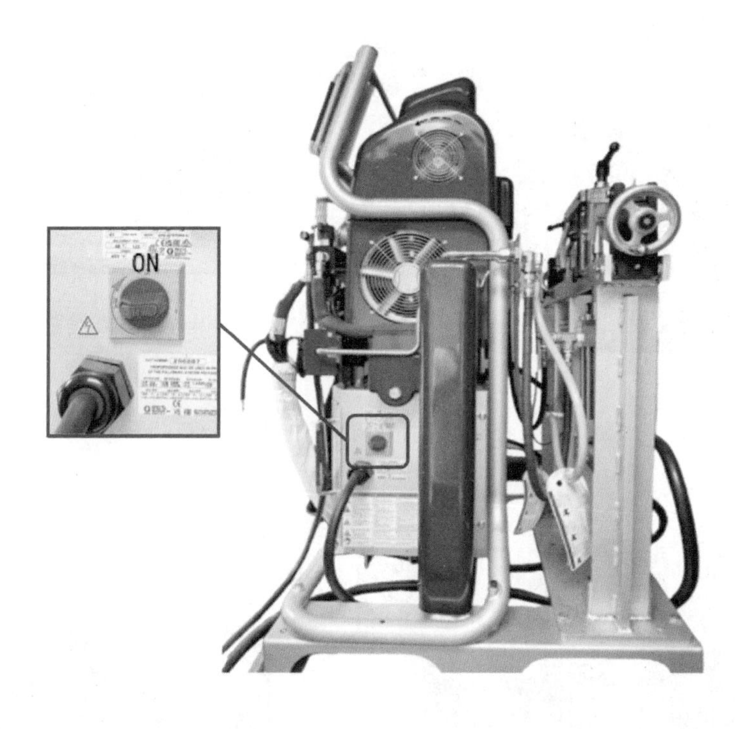

图 4-31　喷涂机总控制开关

4.4.10.2　设置喷涂机温度参数

喷涂机开启后，设定喷涂机 A、B 料加热系统及软管加热温度参数。喷涂主机显示屏温度区如图 4-32 所示。

(1) 按下温标键“℉”或“℃”选定温标，通常国内选择“℃”，进行温度设置。

(2) 设置“A”加热区的目标温度，通过“⬆”或“⬇”键选定加热系统所需的温度，加热器显示窗显示出所期望的温度后，按下加热器的接通/关断键“⏽”，温度设定完成，启动加热

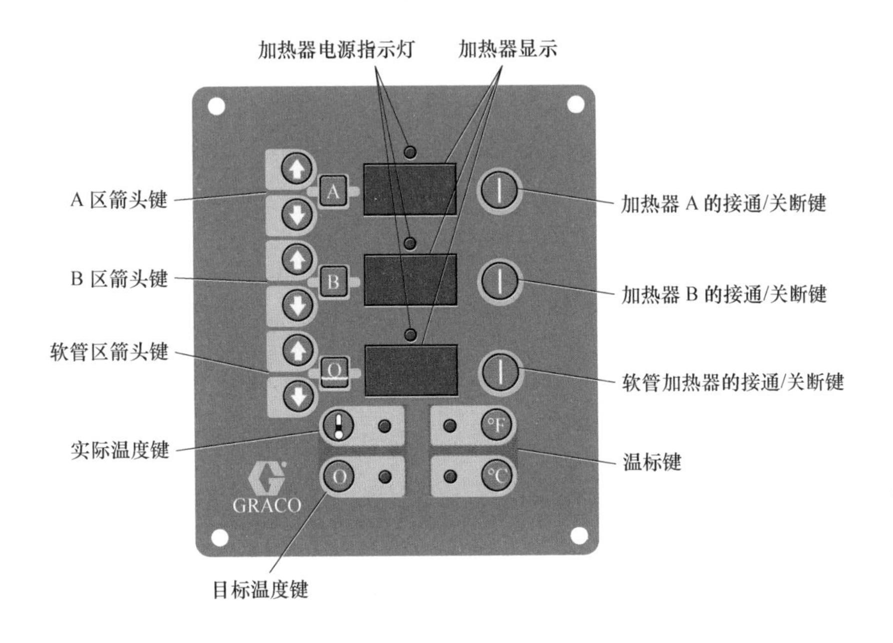

图 4-32 喷涂主机显示屏温度区示意图

系统加热。为“B”区做同样的设置。

(3) 设置软管加热区的目标温度，通过“⬆”或“⬇”键选定软管加热系统所需的温度，按下软管加热器的接通/关断键“Ⅰ”，温度设定完成，启动加热系统加热。预热软管 15 ~ 60 min。

4.4.10.3 设置喷涂机压力参数

喷涂机压力可通过显示屏压力区进行查看，先按下电机开/关钥匙“Ⅰ”，然后按下压力键“○”，在压力/循环显示窗可查看当前喷涂机压力值。喷涂机显示屏压力区如图 4-33 所示。

当需要调节压力值时，通过旋转增压旋钮，直至显示窗显示出所期望的流体压力值，如图 4-34 所示。

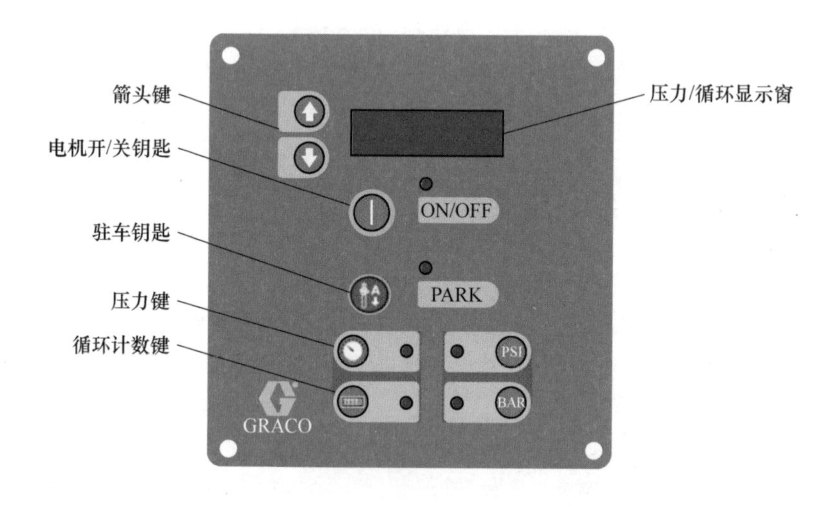

图 4-33　喷涂主机显示屏压力区示意图

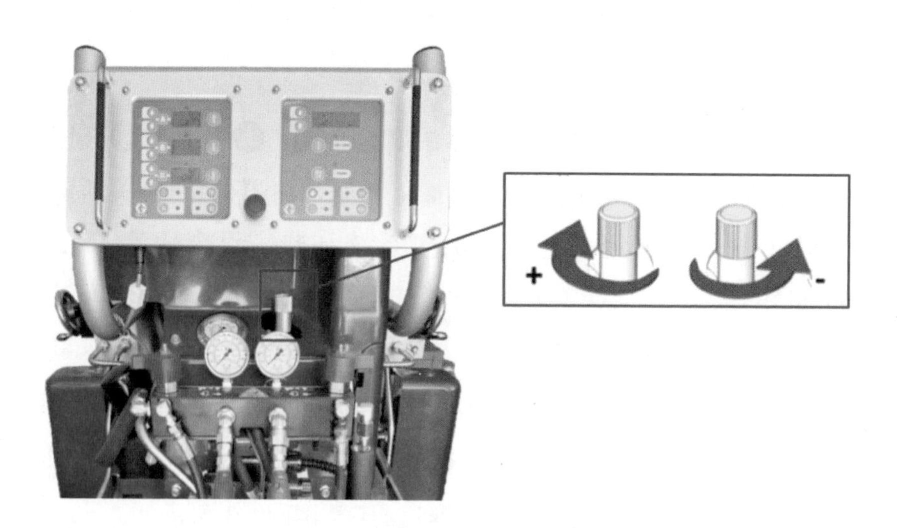

图 4-34　喷涂机增压旋钮调试示意图

4.4.10.4 喷涂料循环加热

A 通过回流管循环加热

A、B料由进料泵提升至喷涂主机后，由回流管引回至料桶进行循环加热。

（1）将循环管路引回到各自的A、B组分供料桶。

（2）将A料、B料加/泄压阀（图4-35）旋至加/泄压循环位置“♲”。

图4-35 旋转加/泄压阀

（3）设定目标温度，按下“A”和“B”加热区的接通/关断键“❶”。除非软管已注满喷涂材料，否则请勿连通软管加热区。

（4）将液压降至循环流体所需最小值，直到“A”和“B”加热器显示窗上温度值达到目标温度。

B 通过喷涂管路循环加热

（1）A、B 料在喷涂主机至喷枪间的循环加热是通过连接好的输料管路完成。通过小幅度旋转增压旋钮，如图 4-36 所示，为管线提供微弱压力，在尽可能最低的压力下循环流体。将喷枪管路内 A、B 料引回到各自的 A、B 组分供料桶，直到温度达到目标温度。

图 4-36 旋转增压旋钮

（2）将加/泄压阀从图 4-37 所示位置旋转 90°至方向竖直向外的位置，打开 A 料桶和 B 料桶入口阀，经提料泵通过管路提料至喷涂主机内加热随后进入回流管回流至桶内完成一个循环，直到桶内温度达到施工要求。

图 4-37 旋转泄压阀

4.4.11 喷涂施工

4.4.11.1 喷枪准备

（1）关闭喷枪上的活塞保险栓，如图 4-38 所示。

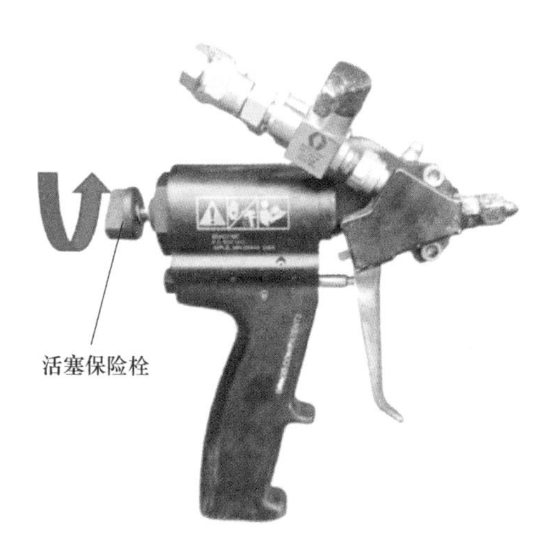

图 4-38 关闭活塞保险栓

（2）关闭喷枪上的 A、B 料开关阀，如图 4-39 所示，装上喷枪的连接管路。连接喷枪的气管，打开气路阀。

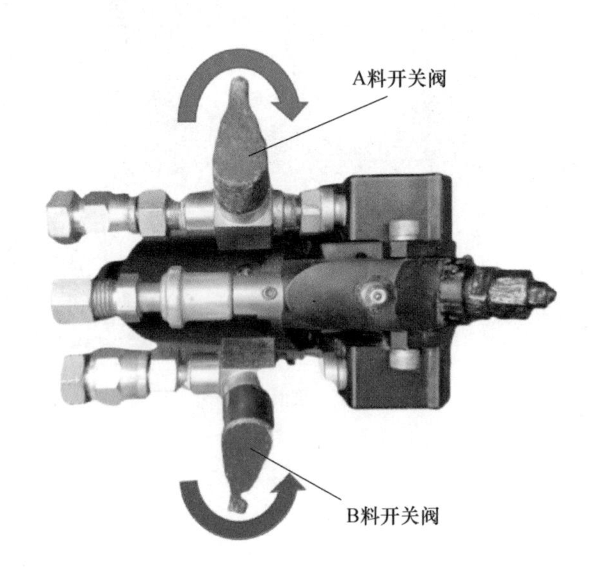

图 4-39　关闭开关阀

（3）将喷涂机上的 A 料、B 料加/泄压喷涂阀（图 2-22 中的 3 和 11）旋转至竖直向外位置。

（4）检查加热区是否已接通，而且温度是否已达到目标温度。

（5）检查流体压力的显示，并根据需要进行调节。

（6）检查流体压力表（图 2-22 中的 2 和 12），以确保压力正确平衡。如果不平衡，稍微朝加/泄压循环位置方向（图 4-37 中“■◄”）转动压力较高组分的泄压/喷涂阀，降低该组分的压力，直到压力表显示压力平衡。

(7) 打开喷枪上的 A、B 料开关阀，如图 4-40 所示。

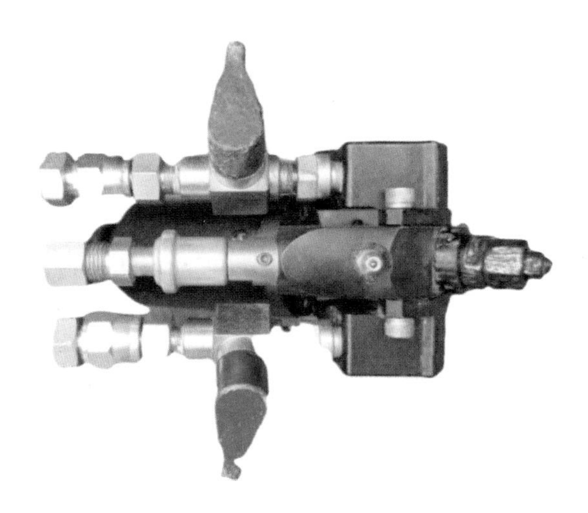

图 4-40 喷枪上 A、B 料开关阀打开状态

(8) 向右旋转打开喷枪的活塞保险栓，如图 4-41 所示。

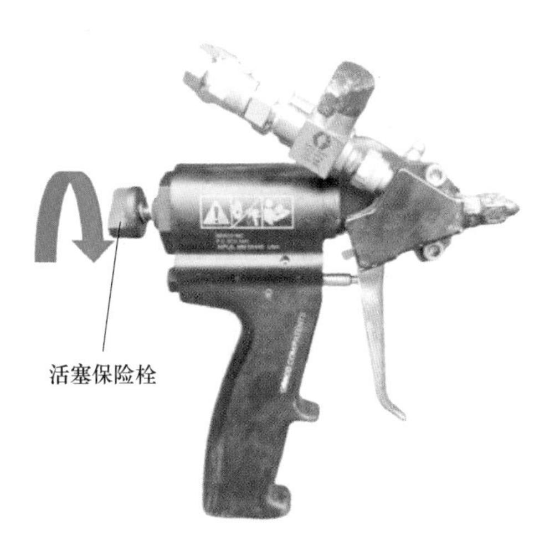

图 4-41 喷枪的活塞保险栓打开状态

（9）在耐高温钢板上检验喷涂效果。调节温度和压力，以获得所期望的效果。

（10）设备已准备就绪，可以开始喷涂施工。

4.4.11.2　开始喷涂

（1）将设备调节至各种材料要求的温度和压力参数。

（2）喷涂作业前严禁现场随意向A料和B料中添加任何物质。严禁混淆A料和B料的进料系统，现场设专人负责查看A、B料桶状态，喷涂机操作人员须为考核合格的人员，主机操作和料桶查看如图4-42所示。

图4-42　主机操作和料桶状态查看

（3）每个工作日正式喷涂作业前，应在施工现场先喷涂一块与施工厚度相同200 mm×300 mm的样块如图4-43所示，由施工技术主管人员进行外观质量评价并留样备查。当涂层外观质量达到要求后，方可确定工艺参数并开始喷涂作业。

图4-43 喷涂作业前样块试喷

（4）喷涂由下风口开始。采取扫枪动作作为喷涂的开始，由喷涂基面顶端开始，枪手将喷枪由喷涂基面顶部，沿着其两侧，分别喷涂至下，最终从底部连接。喷涂作业如图 4-44 所示。

图 4-44　喷涂作业

如果现场存在安全隐患，操作必须停止，检查所有的工程节点，设备安全、措施安全、防护安全等。再次确认安全后，操作人员启动设备，混合材料，继续喷涂。喷涂人员要确保按照设计厚度，均匀地将材料喷涂至作业面。

4. 4. 12　施工完毕

4. 4. 12. 1　喷涂主机关闭

施工作业完成后，依次关闭打料泵进气阀、主机显示屏加热按钮、喷涂主机启动开关、A、B 料主管进回管路阀门、喷涂主机电源总开关。

将材料输送管盘回车内，喷枪拆解，泡入专用清洗液内。

4.4.12.2 发电机关闭

当喷涂机完全关闭后，关闭发电机电源总闸（图 4-21 中的 9），按下发电机组显示屏上停机按钮（图 4-21 中的 8），显示发电机冷却状态，待自然冷却后自动关机。向左旋转电源开关（图 4-21 中的 4）至关闭状态，最后关闭排气天窗（图 4-21 中的 1）。

4.4.12.3 喷枪清洗

清洗喷枪时，需将喷枪完全拆解，如图 4-45 所示。将各个小组件完全浸泡在专用清洗液内，冷却 12～24 h 后进行清洗，清洗后用气泵吹干，待所有零件吹干后，进行组装。

图 4-45 喷枪拆解后示意图

4.5 施工设备操作记录

4.5.1 水泥基材料喷涂修复法施工设备操作记录

水泥基材料喷涂施工作业时，应填写《水泥基材料喷涂施工记录表》，见表4-2。记录水泥基材料喷涂施工过程中各项关键参数、操作情况、质量检查及问题处理等施工信息。

表4-2 水泥基材料喷涂施工记录表

水泥基材料喷涂施工作业记录			编号	
项目名称：		施工单位：	施工部位：	
记录人：		天气情况：	记录日期： 年 月 日	
序号	操作内容/项目	操作情况/参数	检查结果/备注	
1	砂浆配比（砂浆：水）	____：____	（符合/不符合）设计要求，需调整至________	
2	砂浆搅拌时间	______ min	充分搅拌均匀/搅拌不足，需延长至______ min	
3	喷涂设备检查	喷枪/泵机/管道等完好，无泄漏/故障	正常/发现______问题，已修复	
4	基层处理情况	清理干净，无油污、浮尘、松散物等	合格/不合格，已重新处理	
5	喷涂厚度（每层）	______ mm	符合设计要求/偏薄/偏厚，需调整	
6	喷涂速度	______ m^3/h	适中/过快/过慢，需调整至______ m^3/h	
7	喷涂均匀性	均匀无遗漏/局部不均匀，已补喷	合格/不合格，已整改	

续表 4-2

序号	操作内容/项目	操作情况/参数	检查结果/备注
8	养护措施	喷涂后______h 内开始洒水养护，每日______次	已执行/不执行，已补做
9	质量检查（含强度、黏结力等）	强度测试值______MPa，黏结力测试值______MPa	（符合/不符合）设计要求，需加强处理
发现问题及处理措施：			
备注：			

注：1. 本表由施工员现场填写，每日施工结束后提交给项目负责人审核。

2. 如发现任何问题或异常情况，应立即记录并采取相应的处理措施，必要时上报。

3. 请根据实际情况填写上述表格，确保施工过程的每一步都有详细记录，以便于质量控制和后续追溯。

4.5.2 聚氨酯喷涂修复法施工设备操作记录

聚氨酯喷涂施工时，应填写《聚氨酯材料喷涂施工记录表》，见表 4-3。记录内容主要包括：

（1）施工的时间、地点和工程项目名称；

（2）环境温度、湿度、基底状况；

（3）打开包装时 A、B 料的状态；

（4）喷涂作业时 A、B 料的温度和压力；

（5）材料及施工的异常状况；

（6）施工完成的面积；

（7）各项材料的用量。

表 4-3　聚氨酯喷涂施工记录表

聚氨酯喷涂施工作业记录		编号	
工程名称			
施工单位		日期	年　月　日

常规记录：

1. 施工时间：________，地点：________。
2. 打开包装时 A、B 两组分材料的状态：________。
3. A、B 料主加热器和软管加热器的温度：________。
4. 空气压缩机的压力：________。
5. 环境温度：________，湿度：________。
6. A、B 两组分材料的静压力：________，动压力：________。
7. 喷涂前 A 组重量________，B 组重量________。
   喷涂后 A 组重量________，B 组重量________。
   喷涂使用量________。

施工过程记录：

1. 基材表面处理情况：________
2. 喷涂作业情况：________
3. 材料固化情况：________

检查情况：

材料使用情况：

质量问题及处理意见：

施工负责人	质检员	记录人

注：本表由施工单位填写。

5 设备维修与保养

设备定期维修、保养及清洁工作对于保持其良好性能至关重要。通过维修、保养工作，保持设备清洁整齐、管理畅通、部件牢固、润滑良好、运转正常，通过设备维保工作，可全面掌握设备的技术状况和磨损情况，及时查明和消除设备隐患，可提前做好修理工作的准备，提高修理工作质量，缩短修理工作时间。

5.1 水泥基材料喷涂修复法设备维修与保养

喷涂班组人员每次施工前后应检查喷涂设备，并定期对设备进行维修保养。水泥基材料喷涂修复法设备维修与保养项目及周期见表5-1。

表5-1 水泥基材料喷涂修复法设备维修/保养项目及周期

设备名称	维修/保养内容	维修/保养周期
喷涂机	检查设备外观是否有损坏、漏液等； 检查电源线、开关、指示灯是否正常； 检查油位、油质、管路连接是否紧固、无泄漏； 检查喷嘴、泵体、管路清洁度及磨损情况； 检查电机、皮带、齿轮等运转是否平稳； 对需要润滑的部位进行润滑； 紧固所有螺丝、螺母及连接件	每次使用前
喷涂机	更换液压油或机油； 清洗或更换空气滤清器、油过滤器等； 校准压力表、流量计等仪表	每6个月

续表 5-1

设备名称	维修/保养内容	维修/保养周期
材料输料管	将输料管拆下，并断开与泵送机和搅拌机的连接； 将海绵球塞入输料管的一端，使用泵送水的压力将海绵球推出，清洗管内壁，重复此步骤，确保管内壁被彻底清洗干净； 将输料管拆下，用清水冲洗干净，并确保无水泥基材料残留	每次使用后
喷涂设备	拆下喷头和喷枪部分，用清水彻底冲洗干净； 检查喷涂设备的管内是否残留水泥基材料，如有需用高压空气清除； 检查喷涂设备的连接处，确保无渗漏或松动； 清洗水泥基材料旋喷器或手持喷枪； 用湿布擦拭喷涂设备外部，保持其整洁	每次使用后
阀门开关	检查各个阀门开关，确保它们能够正常控制闭合；如果发现有阀门不能完全闭合，应及时更换	每次使用前
油雾器	检查泵送机油雾器的油位，确保它在规定的指示线范围内	每次使用前
气管与接口	确保所有与设备连接的气管和接口都完好无损，没有漏气现象。如果气管有破损，应及时更换；如果接口漏气，需要重新组装	每次使用前
储气罐与压力表	检查储气罐压力表是否正常显示； 检查储气罐内部是否有水残留	每次使用前
注意设备的润滑情况，定期为设备添加润滑油或润滑脂，确保各部件的灵活运转		每月
检查设备的密封情况，包括检查设备各部件之间的连接处、密封垫等是否完好，是否有泄漏现象		每周

5.2 聚氨酯喷涂修复法施工设备维修与保养

喷涂班组人员每次施工前后应检查喷涂设备，并定期对设备进行维修保养。聚氨酯喷涂设备的维修/保养项目及周期见表5-2。

表5-2 聚氨酯喷涂设备的维修/保养项目及周期

设备名称	维修/保养内容	维修/保养周期
喷涂主机	检查液压油液面是否正常； 电源开关是否有松动； 显示板各项指示是否正常； 主机助力泵杆注黄油保养，检查喷涂主机配电室插头是否有松动	每周
进料泵	清洁打料泵内污垢、杂质； 对进料泵泵头注黄油保养，检查并拉伸泵的伸缩杆是否活动正常	每周
喷涂管路	检查外包装是否有破损、保温是否正常，如有损坏立即更换； 管内预热线路是否连接正常； 管路连接处是否有漏料情况，如有立即拧紧	每周
喷枪	拆解各个组件用清洗剂浸泡12～24 h后，清洗各个组件上残留的A、B混合料，用气泵吹干各个组件后，将其按顺序组装	每次使用后

5.3 发电机日常维护与保养

发电机在日常使用中应做好以下的维护和保养：

（1）保持发电机外表面及周围环境的清洁，在发电机机壳或内部都不允许放任何物件，应擦净机壳上的油污和尘土，以免阻碍散热，使发电机过热。

（2）维护前拔下火花塞导线，以防意外启动。

（3）检查发电机各部件的紧固情况，包括螺丝、接线端子等，确保其固定牢靠，防止因松动导致的故障。

（4）按照设备使用说明书的要求，定期更换或补充机油，保持机油的清洁和充足。检查其他润滑部位，如轴承、齿轮等，确保润滑良好。定期检查油位，确保油位在正常范围内。

（5）冷却系统检查：检查发电机的冷却系统，包括散热器、风扇、水泵等，确保其工作正常，防止因冷却不良导致的过热问题。定期清理散热器，确保其散热效率。

（6）检查发电机的电气系统，包括电线、电缆、接线端子等，确保连接良好，无破损或老化现象。检查电压、电流等参数是否在正常范围内，确保发电机的稳定输出。

5.4 空气压缩机日常维护与保养

空气压缩机在日常使用中应做好以下的维护和保养：

（1）各联结部件应紧固良好，传动部件应运动灵活，防护装置应配备齐全，操纵手柄应在正确位置。

（2）检测各气压表、油温表、水温表、安全阀的灵敏度和负荷调节器等部件的工作是否正常和安全可靠，关键仪表是否在标定工作范围内。

（3）检查清洁冷凝水排放系统以及驱动齿轮的运行状况是否正常；定期检查进气壳体、管道等的锈蚀情况，并做防腐处理；检查齿轮箱呼吸器滤芯、联轴器；检查联轴器对轮缓冲垫是否正常；检查锁紧螺丝和联轴器的连接是否安全可靠；检查联轴器对中情况。

（4）空气压缩机应在无负荷状态下启动，空载运转正常后，逐步进入负荷运转状态。正常运转时，操作人员应经常观察各仪表读数，适时调整。排气温度不得超过 180 ℃，润滑油温度不得超过 85 ℃，排水温度不得超过 50 ℃，储气罐内最大指示压力不得超过规定压力。

（5）空气压缩机每工作 1 ~ 2 h，应排除系统及管路中的油水，储气罐内的油水每班应排放 1 ~ 2 次。

（6）安全阀至少每半月应手动试验一次。

5.5 特殊作业条件维护与保养要求

5.5.1 施工现场作业注意事项

喷涂施工现场作业时应注意以下事项：

（1）设备运行中，如发现异常现象应立即切断动力源进行检查，待故障排除后方可继续工作。

（2）喷涂作业属于有限空间环境作业，必须通风检测合格后方可进行施工，并对施工人员做好安全防护。

（3）做好喷涂前后影像收集，以便留存、追溯和后期评价。用电设备应由专业电工负责安装、维护和管理，严禁其他人员随意拆卸、改装电气线路。

（4）设专人 24 h 看护电源设备，并定期检查电热丝的完好性，发现破损及时更换，以防止漏电、触电事故的发生。

（5）制定并实施火灾防护及应急预案，确保现场人员了解如何正确使用灭火器材和应急疏散方法。

5.5.2 冬季施工作业

冬季施工应注意以下事项:

(1) 施工机械设备加强日常维修保养工作，对施工机械应做好保温、防冻工作。严格执行机械设备的冬季油、水管理制度和规定。

(2) 做好现场施工机械设备冬季施工的保养检修工作。对使用防冻液的机械、车辆，根据气温选择合适的防冻液和润滑油，及时更换，做好预防措施，以确保机械设备冬季的正常使用。

(3) 冬季启动机械设备要确保慢速运转，待机油、液压油温度和压力正常后方能带负荷运转。先空载预热约 20 min 后再作业。

(4) 冬季施工时，应特别注意保温材料、塑料布等可燃材料的使用与存放安全。

(5) 在寒冷天气进行水泥基材料喷涂施工时，应采取水泥基材料拌制防冻措施，如使用热水拌制或增加防冻剂。

(6) 为了缩短现场聚氨酯材料准备时间，聚氨酯材料可提前在储存地用加热带及暖风机提前预热，在运输途中可持续用加热带对料桶进行加热。加热带和暖风机分别如图 5-1 和图 5-2 所示。

5.6 设备维修与保养记录

机械设备维修和保养是确保设备正常运行、延长使用寿命以及提高工作效率的重要工作。维保人员应根据不同设备的维修、保养内容及周期对设备进行维保，并填写相关记录。《设备维修/

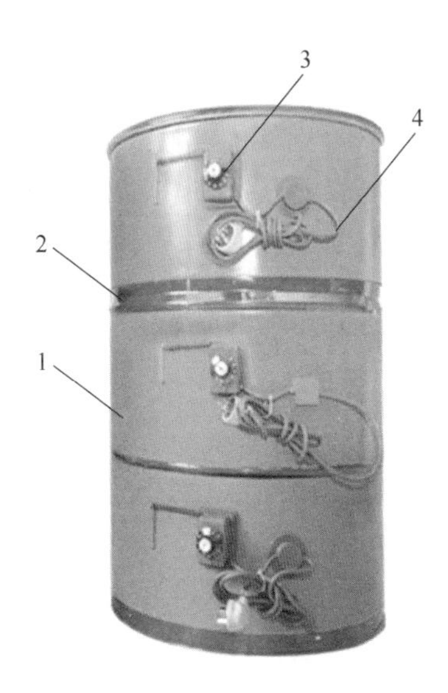

图 5-1 加热带安装图

1—加热带；2—料桶；3—温度调节旋钮；4—电源线

图 5-2 暖风机

保养记录单》如表5-3所示。

表5-3 设备维修/保养记录单

编号：

设备名称		规格型号		设备编号	
维修/保养项目					
维修/保养情况					
维修/保养时间		维修/保养操作人		记录人	

注意事项：

1. 每次保养或维修后，需如实填写记录表，并由操作人、记录人签字确认。
2. 定期检查保养项目应严格按照设备说明书或厂家推荐进行。
3. 维修/保养记录单应妥善保存，以便日后查询和追踪设备状态。

6　常见问题与处理措施

6.1　设备故障及处理措施

采用喷涂修复法进行施工时，施工设备会遇到以下故障，设备操作人员应采取相应措施及时排除设备故障，保障设备正常使用。如设备有异常现象或故障，应立即停止使用，并及时联系专业维修人员进行检查和维修。

对于本手册中未记录的问题，应及时记录发生故障的现象、分析故障原因，并记录下排除故障的有效措施。

6.1.1　发电机组

发电机组作为重要的动力设备，为整个施工过程中的机械设备提供动力，其常见故障与处理措施如下。

6.1.1.1　发电机无法启动

故障编号： FDJ001。

故障现象： 发电机无法正常启动。

故障原因： 考虑两种情况，即发电机缺少燃油或启动电瓶电压不足。

处理措施： 若是发电机缺少燃油，则检查燃油泵接线，看发动机燃油的剩余量，添加足够的燃油；若是启动电瓶电压不足，则对电瓶充电或更换新的电瓶。

6.1.1.2　发电机运行不正常

故障编号：FDJ002。

故障现象：发电机能够正常启动，但是运行不正常。

故障原因：考虑两种情况，即缺少机油或缺少燃油。

处理措施：若是发电机缺少机油，则观察机油报警器的工作情况，根据其显示情况来添加机油；若是缺少燃油，需要检查燃油泵接线，查看燃油的情况，添加燃油。

6.1.1.3　发电机工作时熄火

故障编号：FDJ003。

故障现象：发电机工作过程中突然发生熄火。

故障原因：考虑两种情况，即缺少机油或缺少燃油。

处理措施：若是发电机缺少机油，则观察机油报警器的工作情况，根据其显示情况来添加机油；若是缺少燃油，需要检查燃油泵接线，查看燃油的情况，添加燃油。

6.1.1.4　发电机功率不足

故障编号：FDJ004。

故障现象：发电机工作过程中突然发生熄火。

故障原因：考虑两种情况，即空气供应不充分或发电机排风不畅。

处理措施：若是空气供应不充分，则按装配要求增加发电机舱进风口面积（托装式）；若是发电机排风不畅，则调整发电仓底座的风口与发电机排风口一致（托装式）。

6.1.1.5　发电机没有输出

故障编号：FDJ005。

故障现象： 发电机在启动后没有输出。

故障原因： 考虑四种情况，即连接的设备损坏、发电机供电电源开关未开、发电机过载或接线松动。

处理措施： 若是连接的设备损坏，则更换损坏的设备；若是发电机供电电源开关未开，则打开发电机供电电源开关；若是发电机过载，则减小负载，重新启动发电机；若是接线松动，则检查和紧固接线。

6.1.1.6 操作面板显示屏报错

故障编号： FDJ006。

故障现象： 操作面板显示屏报错。

故障原因： 考虑两种情况，即发电机过载或电线和设备短路。

处理措施： 若是发电机过载，则检查并调整负载；若是电线和设备短路，则检查是否有损坏或磨损的电线，更换损坏的设备。

6.1.1.7 压力显示窗不亮

故障编号： FDJ007。

故障现象： 压力显示窗不亮。

故障原因： 考虑三种情况，即线路未连接、电缆损坏腐蚀或电路板损坏。

处理措施： 若是线路未连接，则连接显示窗的线路；若是显示窗电缆损坏或腐蚀，则清洁连接处、电缆损坏予以更换；若是电路板有问题，则将显示窗至电动机控制板的连接线与至加热器控制板的连接线互换。如果压力显示窗亮，说明加热器控制板存在问题，需更换加热器控制板。

6.1.1.8 显示屏显示不稳定

故障编号： FDJ008。

故障现象： 显示屏接通后又关闭。

故障原因： 显示屏连接不良；显示屏电缆损坏或腐蚀；显示屏电缆未接地；显示屏加长电缆太长。

处理措施：

（1）清洁、检查电缆连接处，更换损坏的电缆。

（2）将电缆按相关安全规定接地。

（3）显示屏连接电缆长度不得超过 30 m。

6.1.1.9 显示窗没有通信

故障编号： FDJ009。

故障现象： 电动机控制显示窗与电动机控制板之间或温度控制显示窗与温度控制组件之间失去通信，受影响的显示窗将显示故障代码“E99”。

故障原因： 线路接触不良、检查温度控制组件或电动机控制板故障源。

处理措施：

（1）检查显示窗与电动机控制板及温度控制组件之间的所有连线，特别要注意电动机控制板上的显示窗接线及温度控制组件上的接线有无卷曲。拔下接线后重新插入连接器。

（2）输入电压应当是 230 V 交流电。检查断路器组件的接线端柱上的温度控制组件电压、电动机断路器上的电动机控制板电压是否正常；检查温度控制组件或电动机控制板是否为故障源。

（3）将温度控制组件上的显示窗接线与电动机控制板上的显示窗接线互换。如果故障不再出现，可判断控制板或控制组件存在故障。

6.1.2 空气压缩机

6.1.2.1 空气压缩机无法启动

故障编号： KYJ001。

故障现象： 空气压缩机无法正常启动。

故障原因：

（1）控制柜的空气压缩机接线端三相续接线错误；

（2）电源供应问题：电源缺相、电压过低或过高；

（3）空气压缩机控制回路故障：控制回路断路、接触不良或继电器故障。

处理措施：

（1）变更控制柜的接线端相续，随机挑选两根主线变换接线位置；

（2）检查电源供应是否正常，确保电源无缺相、电压在规定范围内；

（3）检查空气压缩机控制回路是否正常，检查控制回路各连接点是否断路、接触良好，如有需要更换继电器。

6.1.2.2 空气压缩机在运行过程中出现异响

故障编号： KYJ002。

故障现象： 空气压缩机在运行过程中出现异响。

故障原因：

（1）气缸内有异物：气缸内可能掉入金属碎片、灰尘或其他异物，导致异响。

（2）气阀故障：气阀内部出现问题，如阀片断裂、弹簧断裂等，导致异响。

（3）曲轴箱问题：曲轴箱内部润滑不良、轴承损坏或油泥过多，也可能引起异响。

处理措施：

（1）气缸内调入异物：检查气缸内部，如果发现有异物，需要清理干净。

（2）气阀结合螺栓、螺母松动：检查并拧紧气阀结合螺栓和螺母，确保其紧固。

（3）曲轴上的螺杆未拧紧或者挡油圈松脱：禁锢曲轴上的螺杆或更换挡油圈，确保其正常工作。

6.1.2.3　空气压缩机产气量不足

故障编号：KYJ003。

故障现象：空气压缩机产气量不足，达不到正常使用条件。

故障原因：

（1）气阀漏气：气阀密封不严或阀片损坏，导致气体泄漏；

（2）空气滤清器堵塞：空气滤清器被灰尘、杂质等堵塞，影响进气量；

（3）气管路漏气：气管路连接处存在泄漏，导致气体外泄。

处理措施：

（1）气阀漏气：对气阀进行研磨修理或更换新的气阀部件，确保气阀密封良好；

（2）空气滤清器堵塞：清理空气滤清器，去除灰尘和杂质，保持进气通畅；

（3）气管路漏气：检查气管路的连接处，对泄漏处进行紧固或更换密封件。

6.1.3 水泥基材料喷涂设备

6.1.3.1 搅拌器无法启动

故障编号： SJPT001。

故障现象： 搅拌器无法启动。

故障原因： 电源端接线松动；搅拌器内部有异物进入。

处理措施：

（1）检查电源端接线是否牢固，如发现松动，及时紧固；

（2）打开搅拌器检查内部是否有异物进入，如有异物，进行清理。

6.1.3.2 搅拌器运转不稳定

故障编号： SJPT002。

故障现象： 搅拌器运转时出现异响或抖动。

故障原因： 固定螺栓松动或脱落；搅拌水泥基材料一次性投入过多，拌合初期不均。

处理措施：

（1）应立即停止搅拌器的运行，检查搅拌器的固定螺栓，若发现有螺栓松动或脱落，应立即对其进行紧固或重新安装。

（2）若紧固后仍然存在异响或抖动，可能需要进一步检查搅拌器的其他部分，如轴承、电机等，以确保无其他故障。

（3）水泥基材料逐次添加进搅拌器，边搅拌边加水，确保搅拌速度稳定、拌合均匀。

6.1.3.3 泵送机无法正常启动

故障编号： SJPT003。

故障现象： 泵送机无法正常启动。

故障原因： 电源端接线松动；泵送机内部有异物。

处理措施：

（1）检查电源端接线是否牢固，如发现松动，及时紧固。

（2）检查泵送机内部是否有异物卡住，如有异物，进行清理。

6.1.3.4 泵送机运转不稳定

故障编号： SJPT004。

故障现象： 泵送机在工作时发出异常声响或出现抖动。

故障原因： 泵轴的固定螺栓松动或脱落。

处理措施：

（1）应立即停止水泥基材料泵的运行，检查材料泵轴的固定螺栓。若发现螺栓松动或脱落，应立即对其进行紧固或重新安装。

（2）若紧固后仍然存在异响或抖动，可能需要进一步检查材料泵的其他部分，如轴承、电机等，以确保无其他故障。

6.1.3.5 出料管出料量明显减少

故障编号： SJPT005。

故障现象： 泵送机在正常泵送过程中，发现出料管出料明显减少，同时泵送机出料口上的压力表显示较高的压力。

故障原因：

（1）泵送机的螺旋拨片未被水泥基材料完全包裹，泵送材料时引入空气，导致泵送效率降低；

（2）泵送机的螺旋拨片出现损坏、变形等问题，影响正常泵送；

（3）管道内部存在轻微堵塞，阻碍水泥基材料的正常流动。

处理措施：

（1）检查水泥基材料泵送机的螺旋拨片是否正常，如有裸露需用水泥基材料完全掩盖，确保材料泵送的连续性；如有变形或损害，应进行修整或更换。

（2）观察压力表的压力变化，如果显示高压，检查泵送机内是否有残余的水泥基材料，如管内有余料，用清水将管道内部的残余物冲洗干净。

（3）如泵送机泵管堵塞严重，需将泵管拆卸后，两人合作拉直泵管并敲击管身，用以清除堵塞的水泥基材料。

（4）应清理管道内部的堵塞物。堵塞物清除干净后再次通水冲洗管道，确保管道通畅。

6.1.3.6 旋喷器无法正常转动

故障编号：SJPT006。

故障现象：旋喷器无法正常转动。

故障原因：

（1）气动旋喷器的密封件损坏，导致旋喷器漏气，无法提供足够的气体作为动力使旋喷器转动；

（2）电动旋喷器内部出现堵塞或者电机损坏，导致无法正常转动。

处理措施：

（1）对于气动旋喷器，需要拆卸检查内部的密封件，特别是气动拨片是否磨损严重。如果磨损严重，应及时更换新的密封件，确保密封良好，防止漏气。

（2）对于电动旋喷器，首先检查电路是否正常，确保电源和电机连接没有问题。如果电路正常，则需要拆卸旋喷器检查是否发生堵塞，并清理内部的异物，确保旋喷器能够顺畅转动。如果电机被烧毁，需要更换新的电机。

6.1.4 聚氨酯喷涂设备

6.1.4.1 喷涂机无 A 料输出或出料少

故障编号： JAZPT001。

故障现象： 喷涂主机主面板上 A 料温度显示窗显示故障码“E21”。

故障原因： A 料管路或出料口出现堵塞，A 料管路压力上升；A 料不足，管路压力下降。

处理措施： 疏通 A 料管路或出料口；补充 A 料，保证出料正常。

6.1.4.2 喷涂机无 B 料输出或出料少

故障编号： JAZPT002。

故障现象： 喷涂主机上 B 料温度显示窗显示故障码“E22”。

故障原因： B 料管路或出料口出现堵塞，B 料管路压力上升；B 料不足，管路压力下降。

处理措施： 疏通 B 料管路或出料口；补充 B 料，保证出料正常。

6.1.4.3 喷涂机温度显示窗不亮

故障编号： JAZPT003。

故障现象： 温度显示窗不亮。

故障原因： 温度显示窗电缆未连接或电缆腐蚀、损坏；电路板损坏。

处理措施：

（1）检查温度显示窗电缆连接处，查看电缆连接是否牢固，对连接处进行清洁后重新连接。若发现电缆腐蚀或损坏严重，立即更换电缆。

（2）检查显示窗电路板，将温度显示窗与电动机控制板和加热器控制板的电缆连接线互换。如果温度显示窗亮起，说明加热器控制板存在问题，需更换加热器控制板。

6.1.4.4 喷涂机压力显示窗显示错误

故障编号：JAZPT004。

故障现象：压力显示窗显示故障码“E24”。

故障原因：压力控制主板出现故障。

处理措施：修复压力控制主板或更换主板。

6.1.4.5 喷涂机管线温度显示窗显示错误

故障编号：JAZPT005。

故障现象：管线温度显示窗显示故障码“20A”。

故障原因：管线加热传感器出现故障。

处理措施：修复管线加热传感器或更换传感器。

6.1.4.6 喷枪堵塞

故障编号：JAZPT006。

故障现象：喷枪无法正常喷料。

故障原因：喷枪内A、B料混合产生结晶，产生堵塞。

处理措施：拆解喷枪各个组件，清除枪内废料，保证喷枪正常运行。

6.1.4.7 进料泵不能正常供料

故障编号：JAZPT007。

故障现象：进料泵液压杆不能正常提升。

故障原因：液压双向电磁换向阀损坏。

处理措施：更换液压双向电磁换向阀。

6.1.4.8 喷涂机温度显示窗显示错误

故障编号：JAZPT008。

故障现象：喷涂机温度显示窗显示错误。

故障原因：温度控制电路板上散热部分被堵塞或者损坏；环境温度太高。

处理措施：

（1）检查电路板电柜上方的风扇是否工作正常；

（2）检查是否有堵塞物堵住电柜底部的冷却孔，清除堵塞物；

（3）清洁加热器控制组件后面的散热器翅片；

（4）（无环境温度要求可删除此条）环境温度较高时，先停机，将设备移到阴凉处让其冷却或使用风扇为设备降温。

6.1.5 设备故障检修记录表

设备进行检修时，对检查情况填写设备故障检修记录表，见表6-1。

表6-1 设备故障检修记录表

设备名称	检查日期	故障编码	故障情况描述	故障原因	处理措施	检查人

6.2 施工中常见问题及处理措施

6.2.1 水泥基材料喷涂修复法质量缺陷及处理措施

6.2.1.1 水泥基材料呈间断性出料，旋喷器的转速不稳定

缺陷编号：SJPTSG001。

现象：在水泥基材料喷筑施工过程中，发现水泥基材料呈间断性出料，旋喷器转速不稳定。

原因：

（1）水泥基材料泵送机内进入空气，导致水泥基材料泵送过程中出现间断。

（2）泵送仓内的螺旋拨片裸露，水泥基材料在泵送仓内输送时混入了空气，影响水泥基材料的连续输送。

处理措施：

（1）使用抹子将水泥基材料完全掩盖泵送仓内的螺旋拨片，以防止空气进入泵送机内。

（2）观察压力表的变化，确保其平稳运行。

（3）等待水泥基材料完全输送至旋喷器后，查看旋喷器的转速是否已恢复平稳。

6.2.1.2 水泥基材料喷涂厚度不均

缺陷编号：SJPTSG002。

现象：在水泥基材料喷筑施工过程中，发现喷涂层的厚度一侧较厚，而另一侧较薄，厚度明显不均匀。

原因：

（1）旋喷器的安装位置不正确，没有位于检查井的中心或管道的中轴线上；

（2）移动喷涂时速度不稳定，忽快忽慢，导致喷涂的厚度不均匀；

（3）速度的控制与喷涂的厚度、水泥基材料泵每小时的出料量不匹配，影响最终的喷涂效果。

处理措施：

（1）在施工前，使用测量设备精确测定检查井的中心位置或管道的中轴线，将旋喷器安装在检查井的中心位置或管道的中轴线上。

（2）检查卷扬吊臂机工作是否正常，确保其能够稳定工作。

（3）调节好旋喷器的移动速度后，不得随意变动，保持稳定的速度进行喷涂。

6.2.2 聚氨酯喷涂修复法质量缺陷及处理措施

6.2.2.1 喷涂层厚度不均

缺陷编号：JAZPTSG001。

现象：喷涂层厚度不均匀。

原因：

（1）加热带预热时间过长，导致输料管内压力过高，喷枪喷出的雾状不稳定；

（2）喷枪与基面距离、角度不一致；

（3）喷涂操作人员操作不当导致喷枪喷出雾状不稳定。

处理措施：

（1）降低加热带温度；

（2）调整喷枪的设置，确保喷涂压力、喷涂距离、喷涂角度适当；

（3）喷涂操作人员重新进行试喷，合格后继续喷涂，如试喷不合格，立即更换操作手。

6.2.2.2 喷涂层表面出现气泡或针孔

缺陷编号： JAZPTSG002。

现象： 喷涂层表面出现气泡或针孔。

原因： 喷涂施工速率过快或基底预处理后仍存在杂质，表面凹凸不平。

处理措施：

（1）喷涂层表面出现针孔时，用抹泥刀将针孔用力压平或用砂纸将针孔抹平并用力压向基底；

（2）喷涂层表面出现气泡时，用抹泥刀将气泡切开，并用力压向基底。

说明：这里的气泡指的是少量的、非连续的。当遇到大面积针孔或起泡时，说明基底处理不合格，需要将喷涂层铲除干净，重新清理基底并烘干，再进行喷涂作业。

6.2.2.3 喷涂层表面存在脱落现象

缺陷编号： JAZPTSG003。

现象： 喷涂层表面存在局部脱落情况。

原因： 喷涂层与基层黏结不良。

处理措施： 对喷涂层脱落部位的涂层和基面进行清理，局部进行二次喷涂。二次喷涂后对该处与周围喷涂作业面进行打磨，保证喷涂面平整。

6.2.2.4 喷涂层厚度未达到作业要求

缺陷编号：JAZPTSG004。

现象：喷涂施工时，经检测发现喷涂层厚度未达到作业要求。

原因：采用一次多遍喷涂时，喷涂遍数不足，致使喷涂层厚度未达到作业要求。

处理措施：

对未达到厚度要求的喷涂层进行二次喷涂。根据选用的聚氨酯材料使用要求，在厂家规定的时间间隔内进行二次喷涂。如超过厂家规定的喷涂时间间隔，应先对喷涂基面进行打磨并清理基面，进行二次喷涂。两次喷涂作业面之间的接茬宽度不应小于200 mm。

参 考 文 献

［1］中华人民共和国国家标准．GB/T 37862—2019. 非开挖修复用塑料管道总则［S］. 2019.

［2］中华人民共和国行业标准．CJJ/T 244—2016. 城镇给水管道非开挖修复更新工程技术规程［S］. 2016.

［3］中国工程建设标准化协会标准．T/CECS 602—2019. 给水排水管道内喷涂修复工程技术规程［S］. 2019.

［4］中国工程建设标准化协会标准．T/CECS 717—2020. 城镇排水管道非开挖修复工程施工及验收规程［S］. 2020.

施工记录

施工记录

施工记录

施工记录